经典童书权威译本

太阳的诗篇——《森林报》故事精选

[苏]维·比安基　著

韦　苇　译

U0261026

广西师范大学出版社
·桂林·

我就是这样浪漫

梅子涵

做一个改动

我要来做一个很重要的改动。

它很重要。

这就是我们以后再提起"文学名著""文学经典",一定要把儿童文学的名著和经典放入!要不然会显得无知和滑稽。我们对孩子们说,要阅读文学名著和经典,那是应当包括安徒生,也应当包括《爱丽丝漫游奇境》的……它们都要被写在孩子们阅读的大书单上。我们也可以列一份文学名著的书单,再列一份儿童文学名著的书单,但那就等于是告诉孩子们,儿童文学名著不是文学名著,文学名著是《悲惨世界》,不是《爱丽丝漫游奇境》。如果一份文学名著的书单是给成年人的,那么没有安徒生和爱丽丝,没有《柳林风声》,而且也没有《小王子》,我们不会非要挑剔,我们会说:"理解。"可是一份给孩子们的文学名著的书单上，没有它们，我们难道也会说"理解"吗？那么不等于就是说，我们理解无知，理解滑稽，原谅无知的滑稽吗？

我们不可以理解！

因为我们继续理解，那么意味着孩子们可能继续缺少最适合他们的文学阅读。

至少是在雨果的《悲惨世界》前后，孩子们已经有了安徒生，有了他们自己的文学和童话，他们的阅读不太悲惨了。安徒生们的到来，是儿童阅读生活里的一个大浪漫景象！儿童文学的渐次到来，渐次成熟，是人类文学中的一个最彻底的浪漫主义运动。比雨果们浪漫得多了多了，多了多了！

现在可以继续讨论，如果在一份开给成年人阅读的书单上，没有安徒生，没有《小王子》之类，是不是特别情有可原呢？那就要看你是什么标准，你的阅读口味里有多少诗意和浪漫，你的生命心态里还有没有天真和稚气。

我们一直都听说，安徒生活着的时候，他的国家的国王喜欢他的童话；他小时候崇拜、长大后继续崇拜的海涅们喜欢他的童话；还有当时的作曲家、当时的普通劳动者和住着城堡的王公们喜欢他的童话；我们还听说当时的女王喜欢《爱丽丝漫游奇境》，当时的美国总统喜欢《柳林风声》……这都是著名的童话阅读的故事、文学的故事，我们都是从传记的书中读到的，我们宁可都很相信，所以我们也就要说，如果把这些书，这些童话也放进成年人阅读的书单，那么难道是羞辱了他们的水准吗？还是丰富了他们的趣味？

这些童话童书中的文学名著、文学经典，是值得放进成年人的阅读书单的。现代和后现代，已经不是继续地只让童年阅读成年，也是成年热情洋溢地阅读着童年了。多少成年的人在图画书的阅读中，盛开天真心情！

高处经典

我想说另一个认识。

我也觉得很重要。

是不是只要尊重儿童现在的阅读口味和兴趣，就是真的尊重儿童、敬重童年？就是天天在说的"儿童本位"？

小的时候，很多的孩子，甚至都不好好吃饭。他们喜欢吃零食，喜欢雪糕、冰激凌。在正经的一日三餐前懒懒散散、漫不经心。很多的孩子，在玩耍和念书之间，也是更乐于玩耍，而不是更乐于上课、做作业和考试。我们是不是应当很尊重他们这样的本位，就让他们整天地在永无岛上玩耍，永远保持长不大的心智？教育去除？学校关门？

我们不是还是要教育、引导他们好好吃饭，好好念书并且好好考试吗？只不过，我们的教育和引导应当合乎他们的理解，合乎他们的年龄、心理，不要把他们教育得厌烦起来，哇啦哇啦哭了。

儿童文学的名著和经典，很可能不是一个孩子立即就爱不释手的书，但它们是属于高的枝头上的。它们甚至是象征中的空中的东西，空中的光芒和闪耀。它们的优美趣味和精神力，完全不是在平俗、滥造的书里可以找到的。把这样的书放在孩子面前，是为阅读的成长、成长的生命竖起一把梯子，修一个往上的坡。而阅读那些平俗和滥造，只是在垃圾桶边跳来跳去的舞蹈。

人往高处去，孩子渴望"长大"，这才是本质上的"儿童本位"。尊重这个本质和本位，是真正的敬重童年、敬重生命，是护卫他们的人格，也是为他们的以后建设尊严。

这样的往上走去，可以是一个孩子的完全独自的阅读，也可以是老师的组织，集体进行。集体进行和讨论，这会是一个有趣的文学教育的过程。文学是可以教育的。我们也可以说成是教授。文学可以教授，文学的口味可以教授。

儿童的阅读和生命，应当去往高处，应当有站立在高处经典里的记忆。追求这高处，我们甚至可以刻意一点。

文学、童话是真的

我再说一个建议。

它可能是新鲜的。

阅读文学、童话，不要说里面的故事是假的。

虚构、想象，不等于假。

我们如果习惯了说，它们是假的，会在逻辑上摇撼了文学、童话、名著、经典的意义，会在逻辑深处语无伦次。

文学、童话，在逻辑上都是写的另一种生活。尤其是文学里的童话，是鼓励着人不要只在真实的生活中来回徘徊，看尽琐碎，那实在是很容易日渐狭小，日渐短浅，日渐猥琐的。

它风趣地进行想象、讲述。它把生命分布给任何的东西，也把语言、语气、丰富的性格都给它们，让它们成为他们。

它们的故事也是常景之外的。狼把戴法兰绒红帽子的小姑娘吃进肚子，可是她并没有死。小姑娘掉进很深很深的洞，也没有骨折，一下子变大，一下子变小，更多的好玩事情还在后面。黄鼠狼们不暗算鸡，暗算起风流、疯狂的癞蛤蟆，可是哪怕只要有三个真正的朋友，一只风流、疯狂的癞蛤蟆也能反败为胜，收回家园，还收回智慧和人品。

童话里都是有智慧和人品的。

童话只不过是在以自己的想象力对你说智慧和人品。

文学也大体是这样的道理。

所以我们不要说是假的。

我们不说假的，那意味了我们知道童话的艺术、文学的方式。知道了就是修养。修养的意思里包括我们懂得为自己的说法安排一个适当的概念和词语。有的地方我们应当有草根的朴实，有的地方我们倒是应当华贵些的。

更何况，经典的童话、文学，对于人类的心情、日子，甚至政治和哲学，都有着真正可靠的照耀。

我们应当学会用内行的口气说："文学、童话是真的。"

所以我们就格外喜爱把它们当成自己的生活内容。

一个孩子，一个成年人，都应当经常阅读它们。

译者序

韦 苇

维塔利·比安基（1894—1959）简直就是大自然文学的化身，他的整个生命就与大自然文学融合为一体。比安基生长在彼得堡一个小有名气的生物学家家庭中。他曾回忆说："父亲在我还小的时候，就带我往森林里钻。他把每一种草、每一种野兽的名称都告诉我，教我根据鸟的形状、鸣叫声、飞行姿态来识别各种鸟类。"（《我为什么要写森林》）生物学家的家庭环境使他从小生活在鸟兽、鱼龟和虫蛇中间。父亲的引导唤起、培养了他对大自然的浓厚兴趣，并让他学会了带着好奇心观察森林世界。少年和青年时代，他就爱上了林中狩猎，参加了乌拉尔和阿尔泰森林考察队，做了大量的森林考察记录，大学生时代就去接近、探访对森林复杂情况了如指掌的山民、农人、守林人和老猎人，这为他描写大自然打下了雄厚而扎实的基础，为一位动物故事作家的崛起准备了必要条件。他把自己全部的感情倾注于大自然。

1

大自然是比安基成才的摇篮。从孩提时代开始就对禽鸟野兽的形状、叫声、行动的姿势留神观察的比安基，积累了大量对大自然的直接经验和知识，所以他笔下的动物和植物都能在"大自然的登记簿上找到存根"。他写动物，没有一笔会是走形走神的，绝对可以做到每个细节都到位，每个情节都真实，每个形象都传神。

比安基动物文学能成为经典儿童文学，还因为孩子可以从比安基的动物文学的叙事、描写中，学习到简洁、清丽、明快、细腻而富有诗意的文学表达方式。比安基的大自然文学作品，行文有一种简洁、清丽而又满含柔情的个性风格，甚至可以说，它是"比安基型的抒情表达"，把比安基的作品同其他动物小说作家的作品对照起来阅读，则不难发现，比安基动物文学字里行间都流淌着一种感染力很强的诗意。

《森林报》是被时间证明的一部长销书。

地球逐太阳而行。森林里所有的生物，都是依靠太阳活着、过日子的。所以，维·比安基的《森林报》上所载的文章都可以叫作"太阳的诗篇"。候鸟的迁飞就可以说是鸟类在逐太阳而行。

《森林报》虽然也分十二个月，但这十二个月的划分和我们普通历书的划分是不一样的。《森林报》里十二个月排序是以太阳为准的。春天来了：森林苏醒了；熊从洞里爬出来；水把森林动物的底下洞穴淹掉，鸟儿飞来，又开始嬉戏和舞蹈；野兽繁衍自己的动物族群。森林就这样开始了自己的"年"。所以森林的"年"理所当然就从三月开始，因为三月里，太阳温暖的手才缓缓揭开森林的诗章。从三月开始到次年二月的一年，是森林历的一年。森林历的一年十二个月，就像是车轮上的十二根轮辐，十二根轮辐全都滚过去了，就是太阳的车轮转了一圈。接着，新的一圈又开始。所以，《森林报》就是"太阳诗篇"。

《森林报》的起源，是1924—1925年间比安基主持《新鲁宾孙》杂志，在这个杂志上开辟了一个专栏，专门刊载森林生活的故事特写，渐渐形成"报纸"的特点，在这基础上形成了《森林报》这部在苏联儿童文学中占有独特地位的巨著———一部森林百科全书。

关于《森林报》的意义，比安基曾说："我们的读者想要改造大自然，按我们的意志生长植物和动物，使森林的生命裨益于祖国，必须先了解大自然的生活。我们《森林报》的读者长大以后，他们就能培植出植物新品种来，能让森林的生命有利于祖国。然而，为了把事情真正办好，得先热爱和清楚地熟悉祖国的大地，熟悉我们的大地上都有些什么样的动物和植物，以及它们的生存状态。"

在世界儿童文学作品中，《森林报》里的一切能让我们感觉文学还别有一个洞天。它一开始就赢得了读者的普遍认可和评论界的如潮好评。

春，夏，秋，冬，每一个森林季里，都有精彩绝伦的篇章。

　　雪爆了……

　　小熊洗澡……

　　山鹬用尾巴歌唱……

　　蜘蛛飞翔……

　　味道鲜美的蘑菇和毒蘑菇的区别在哪里……

　　聪明的小个子猎人、对野兽习性了如指掌的塞
索依奇讲的林野传奇故事……

　　《森林报》每年都重版，每次重版内容都有开拓和加深。
于是，《森林报》成了名副其实的大自然百科全书。

　　拥有了《森林报》就是拥有了大自然百科全书。

　　一切的发现、发明和创造，都是从好奇心开始的。

　　用《森林报》来保持你的好奇心！

　　用《森林报》来培养你的好奇心！

每年的森林日历

春

　　春季第一月　3月21日～4月20日　太阳温暖的手缓缓揭开春天的诗章

　　春季第二月　4月21日～5月20日　候鸟浴着明艳的阳光归返故乡

　　春季第三月　5月21日～6月20日　万绿丛中鸟兽欢欣歌舞乐在其中

夏

　　夏季第一月　6月21日～7月20日　森林居民营巢筑窝成家忙

　　夏季第二月　7月21日～8月20日　新生命焕发了森林的勃勃生机

夏季第三月　8月21日～9月20日　森林新一代勤学苦练获得生存本领

秋

秋季第一月　9月21日～10月20日　鸟儿飞离脱去夏装的森林远征他乡

秋季第二月　10月21日～11月20日　林中动物收集储存粮食准备过冬

秋季第三月　11月21日～12月20日　森林在梦乡里听到了冬的前奏曲

冬

冬季第一月　12月21日～1月20日　森林开始熬冬，动植物开始越冬

冬季第二月　1月21日～2月20日　林中生物在冰雪下顽强地孕育自己的生命

冬季第三月　2月21日～3月20日　熬出残冬饥禽饿兽们迎来温饱的春天

目　录

太阳温暖的手缓缓揭开春天的诗章（春季第一月）　001

三月春　001

林中要闻　003

白嘴鸦揭开春天的帷幕——发自森林的电报　003

雪地里的奶娃子　004

雪　崩　005

从洞里爬出来的是獾——发自森林的电报　006

春天是鸟儿们先发现的（上）　007

城市新闻　010

麻雀乱成一团　010

空中传来喇叭声　011

爱鸟节　011

熊出洞了——发自森林的电报　012

候鸟浴着明艳的阳光归返故乡（春季第二月） 014

四月春 014

鸟类往自己的出生地大迁飞 015

林中要闻 017

蚂蚁窝微微动起来了 017

池塘里 017

森林保洁员 018

会飞的小兽 018

鸟邮员带来的快讯 019

春水泛滥 019

树上的兔子 020

乘船的松鼠 022

春汛殃及鸟类 023

最后的冰块 023

在小河里，在大河里，在湖里 025

春季来临前，鱼做什么 026

春天是鸟儿们先发现的（下） 027

乡村消息 029

庄稼地上一片欢腾 029

城市新闻   030

街头也闹腾起来了   030

凯特的见闻   031

试　枪   035

林野专稿   036

天鹅之死   036

万绿丛中鸟兽欢欣歌舞乐在其中（春季第三月）   042

五月春   042

林中要闻   043

森林乐队   043

嬉戏和舞蹈   045

最后飞来的一批鸟   046

秧鸡徒步走来了   047

乡村消息   048

毛脚燕的窝（上）   048

斑鹟的窝   051

小鸟的歌   052

没娘的小鸟 054

城市新闻 057

试 飞 057

蝙蝠的音响探测仪 057

林野专稿 058

把熊哄过来 058

森林居民营巢筑窝成家忙（夏季第一月） 063

六月夏 063

各有各的家 064

鸟们的住宅 064

谁造的住宅好 068

还有谁会做窝 069

用什么材料造房子 070

寄居在别人的房子里 070

集体大宿舍 071

窝里有什么 072

林中要闻 073

狐狸怎样把獾骗出窝 073

凶险的强盗在夜间出袭 074

勇敢的小鱼 076

凶手是谁 077

乡村消息 078

毛脚燕的窝（下） 078

天上的大象 081

这是什么动物呀 082

林野专稿 085

蛋说话 085

鹬竟这样聪明 088

长脚的蛋蛋 091

新生命焕发了森林的勃勃生机（夏季第二月） 093

七月夏 093

森林里的娃娃们 094

谁的孩子多 094

鸟的劳动日 095

悉心照料孩子的妈妈们 096

海鸥的大殖民地　　　　　　　　　　097

雌雄颠倒　　　　　　　　　　097

林中要闻　　　　　　　　　　098

可怕的小鸟　　　　　　　　　　098

小熊洗澡　　　　　　　　　　101

老猫奶大的兔子　　　　　　　　　　102

转颈鸟的把戏　　　　　　　　　　102

水底打架　　　　　　　　　　103

远方来信　　　　　　　　　　104

鸟　岛　　　　　　　　　　104

林野专稿　　　　　　　　　　108

音乐家　　　　　　　　　　108

森林新一代勤学苦练获得生存本领（夏季第三月）　111

八月夏　　　　　　　　　　111

森林里的规矩变了样　　　　　　　　　　112

古尔一勒！古尔一勒！　　　　　　　　　　113

教练场　　　　　　　　　　113

蜘蛛飞行家   114

林中要闻   116

擒盗鸟   116

白　鹇   119

把熊吓拉稀了   123

食用菇   124

毒　菇   125

乡村消息   126

猫头鹰为什么不飞走   126

救人的刺猬   127

牛为什么疯了   128

林野专稿   129

救熊一命的竟是一只苍蝇   129

可尊敬的鸟   132

埋在夏雪里的小鸟   134

闪电般的迅猛一击   135

狐狸这样拿住刺猬   139

鸟儿飞离脱去夏装的森林远征他乡（秋季第一月） 141

九月秋 141

林中要闻 143

发自森林的电报 143

鸟儿即将启程 144

秋高气爽的早晨 145

祝你们一路平安 147

林中巨兽的打斗 148

发自森林的电报 149

城市新闻 150

夜间骚扰声 150

野蛮的袭击 152

发自森林的电报 152

喜　鹊 153

秋　菇 154

林野专稿 155

候鸟纷纷飞往越冬地（待续） 155

从高空看秋 155

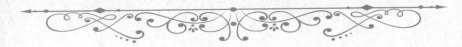

把自己藏起来 156

不同的鸟往不同的地方飞 158

自西向东 158

自东往西 159

向北，向北，飞向北方 161

林中动物收集储存粮食准备过冬（秋季第二月） 163

十月秋 163

准备过冬 165

白桦树上的小喇叭 165

啄木鸟 167

松鼠的晒台 167

水老鼠的储藏室 168

活的储藏室 168

把储藏室建在自己体内 169

林中要闻 170

青蛙惊慌失措了 170

贼从贼那里偷冬粮 171

好可怕啊……　　　　　　　　　　　　　173

红胸小鸟儿　　　　　　　　　　　　　174

星鸦之谜　　　　　　　　　　　　　　174

树上的猎人　　　　　　　　　　　　　175

候鸟纷纷飞往越冬地（续完）　　　　179

鸟类迁飞之谜　　　　　　　　　　　　179

其实不这么简单　　　　　　　　　　　179

其他一些原因　　　　　　　　　　　　181

一只小杜鹃的简史　　　　　　　　　　183

迁飞之谜破了些，有些还没有破　　　　185

林野专稿　　　　　　　　　　　　　186

令人费解的事情　　　　　　　　　　　186

黑　狐　　　　　　　　　　　　　　　190

森林在梦乡里听到了冬的前奏曲（秋季第三月）　192

十一月秋　　　　　　　　　　　　　192

林中要闻　　　　　　　　　　　　　193

冬来时森林里也不是死寂一片　　　　　193

飞　花　　　　　　　　　　　　　　　194

北方飞来的鸟儿 195

东方飞来的鸟儿 195

到睡觉的时候了 196

最后的飞行 197

貂紧紧尾追松鼠 197

夜间出没的强盗 199

你去问问熊吧 200

啄木鸟的打铁场 201

六条腿的马 201

乡村消息 205

我们的主意比它们多 205

棕褐色的狐狸 206

侦察兵 206

森林开始熬冬，动植物开始越冬（冬季第一月） 208

十二月冬 208

冬天的书 209

该怎么读 210

谁用什么写　　　　　　　　　　　210

楷体字和花体字　　　　　　　　　211

小狗和狐狸，大狗和狼　　　　　　212

写在雪地上的书　　　　　　　　　213

狼的狡智　　　　　　　　　　　　218

树木越冬记　　　　　　　　　　　218

林中要闻　　　　　　　　　　　220

缺少见识的小狐狸　　　　　　　　220

骇人的脚印　　　　　　　　　　　221

茫茫雪海下　　　　　　　　　　　222

雪怎么爆了呢　　　　　　　　　　223

雪底下的鸟群　　　　　　　　　　225

冬季里的一个正午　　　　　　　　226

乡村消息　　　　　　　　　　　227

跑进家来的松鼠　　　　　　　　　227

林野专稿　　　　　　　　　　　230

熊皮裹身　　　　　　　　　　　　230

林中猎狐记　　　　　　　　　　　232

林中生物在冰雪下顽强地孕育自己的生命

（冬季第二月） 243

一月冬 243

林中要闻 244

谁先吃，谁后吃 244

肚子饱，不怕冷 246

小木屋里的莗雀 246

谁在冬林法则之外 247

乌鸦的信号 251

熊找到了最适合它过冬的地方 253

野鼠搬出了森林 254

城市新闻 254

校园里的森林角 254

免费食堂 257

林野专稿 257

不迁飞的鸟 257

白脖子熊 260

熬出残冬饥禽饿兽们迎来温饱的春天（冬季第三月） 262

二月冬 262

林中要闻 263

耐得住这毒寒吗？ 263

透明的青蛙 264

溜溜滑的冰地 265

倒挂着沉睡 266

等不及了 267

解除武装 268

从冰洞里探出个脑袋来 269

爱洗冷水澡的鸟 269

在冰盖下 271

雪下的生命 271

春天来临的征兆 273

城市新闻 274

街头打架的家伙 274

有的修理，有的新建 275

鸟食堂 275

市内交通新闻 276

飞回故乡 276

迷人的小白桦 277

第一声歌唱 278

林野专稿 278

鼻子被当成了奶头 278

聪明的野鸭子这样对付狐狸 282

小青蛙 284

阅读指导 287

关于亲子共读的十条建议 296

太阳温暖的手缓缓揭开春天的诗章
（春季第一月）

三月春

森林的新年从三月底开始，从 3 月 21 日春分这一天开始。这一天，白天和夜晚一样长，这一天，太阳管半天，月亮管半天。这一天是森林的节日，鸟兽喜迎回归大地的春天。

咱们老百姓对三月有个说法，道是"三月暖洋洋，檐水连日淌"。从这个月起，太阳着手驱赶在大地上盘踞了几个月的严寒。积雪一天天塌陷下去，塌成一个个小窝窝，颜色也变灰暗了，再不是冬天那模样了——冬天向太阳屈服了，向春天认输了。人们凭雪的颜色就能知道，冬天完了，没戏了。亮晶晶的雪水顺着檐头的根根冰柱滴滴答答，一滴滴，一串串，不停地流淌，天天流啊，流啊，院里院外到处都是一个个水洼子，小雀子从角角落落飞出来，它们可开心了，在水洼子里扑棱（leng）着翅膀，涤去身上一冬积下的污垢。园子里的山雀鸣叫起来，声声如银铃摇响，欢快的，清脆而又响亮。

太阳展开一双双温暖的翅膀，把和煦的春天送到人间。春天干活是有严格程序的。它的头一项工作是把大地从冰雪下解放出来，让土地直接接受太阳的温暖。不过，这时候，水还在冰下沉睡。积雪覆盖的森林也还没有苏醒。

在咱们俄罗斯，老祖宗传下的习俗是这样的：三月二十一日春分这一天早晨，家家户户都用白面做出云雀来，然后在炉子上烤了吃。这是一种节日小面包，捏成小鸟的样子，前面揪出个鸟嘴，再拿两粒葡萄干，给小鸟安上一对乌溜溜的眼睛。这一天，按规矩，我们打开鸟笼，把伴着我们唱了一冬的鸟儿放归山林。而近些年，通常就从这一天开始我们的"飞禽月"。孩子们纷纷为我们的羽翼小朋友忙碌；把成百甚至成千的鸟屋，椋（liáng）鸟房啊，山雀房啊，做成树洞式样的鸟巢，一只只挂到树上去；把树枝交缠到一起，方便鸟儿们来做窝；为即将到来的可爱小客人们开办免费食堂；学校里，俱乐部里，也在这一天举行护鸟报告会，讲羽翼大军的到来，将怎样有利于我们的森林、庄稼、果园、菜园，所以，对它们应该倍加爱护，应该怎样欢迎这些欢乐的羽翅歌唱家们。

三月，母鸡就可以在家门口喝水了，想喝多少就喝多少。

→≫≫٭ 林中要闻

白嘴鸦揭开春天的帷幕——发自森林的电报

　　春天的帷幕是由白嘴鸦揭开的。卸去厚棉冬装的地面上，出现了成群成片的白嘴鸦。

　　白嘴鸦在我国南方越冬。但是我们这北方是它们生儿育女的地方，春天一到，它们就急不可耐地回到家乡来了。在归途中，它们一次又一次遭遇暴风雪的酷寒，几十只、成百只白嘴鸦因为气尽力竭，而在半道上丧命了。

　　最先飞回故乡的，自然是体魄最健壮的一批。这会儿它们正休息呢。它们散落在大道上，绅士般地踱着方步，时而伸出它们的硬嘴壳去刨刨土。

　　本来大片阴沉的乌云遮满了天空，这会儿不见了。现在是一块块雪堆般的白云飘浮在蔚蓝的天空上。森林里最早一批小野兽出生了。麋（mí）鹿和狍（páo）子都长出了新角。金翅雀、山雀和凤头麦鸡开始在林中唱歌了。我们在等待着椋鸟和云雀飞来。我们在树根裸露的一棵枞（cōng）树下，找到了一个有熊在里面冬眠的洞。我们轮流在这个洞旁守候，待熊一出来，我们就立即报道。

一股股雪水，在我们看不见的冰面下汇集。森林里到处在滴水，滴滴答答响成一片。树上的雪也在融化。夜间依旧很冷，严寒又再度将水冻成了冰。

雪地里的奶娃子

田野里满是残雪。但是兔妈妈们已陆续开始做产了。

小兔子一生下来，就东瞅瞅西瞧瞧，身上裹着件暖融融的皮大衣。它们一出世就会跑，只要吃饱奶，就从妈妈身边蹦开，躲到矮树林里，藏到密密的草丛中，趴着，悄没声儿的，不叫，也不乱蹿乱跳。

一天过去了。两天过去了。三天过去了。兔妈妈们在田野里四处蹦蹦跳跳，它们早把自己的娃娃给忘记了。兔娃娃依旧趴在它们躲藏的地方。它们可不敢随便乱跑哟——它们一蹿，就会被在天空巡弋的鹰隼们发现，或是脚印被正到处觅食的狐狸觉察。

它们就这么趴着。终于，它们看见自己的妈妈从眼前跑过去了。噢，不是的，那不是它们的妈妈，而是别的小兔子的妈妈——一个兔姨妈。不过，小兔子还是跑过去相求：
"给我们点儿奶吃吧！"

"行啊，请吧，请吃吧。"

兔子姨妈把小兔子全喂饱了，自己才接着向前跑去。

小兔子又回到矮树林里去趴着。这时，它们的妈妈正在给别的兔娃娃喂奶哩。

原来，野兔妈妈们有这么一种规矩：它们把所有的兔娃娃看成是它们大家的孩子。兔妈妈在田野里跑动，不管在哪里遇到一窝兔娃娃，都会给它们喂奶。自己生的，别个兔妈妈生的，反正都一样。

你们以为，小兔子没有大兔子照料，就一定活不成了吧？才不呢！它们身上有妈妈生给它们的皮大衣，穿着可热乎呢，兔妈妈们的奶浆又稠又甜，它们吃一顿饱，就能几天不饿。

出生后第八九天，小兔子们就能自己吃草了。

雪　崩

森林里，雪崩处处都可能发生。那积雪垮落的样子很是可怕。

松鼠蜷缩在大枞树枝杈上的窝里睡觉，窝里暖暖和和的。松鼠睡得很甜。

突然间，一团雪，沉甸甸的，从树枝梢头坠落，不左不右，恰恰掉在松鼠的窝顶上。松鼠飞蹿出来，而它那些嫩弱的松鼠婴儿还留在窝里呢！

　　松鼠立即动爪把雪扒开，幸亏只压住树枝搭的窝顶，里面那个铺着干苔藓的柔软而又暖和的圆窝窝，倒还好没被砸坏。窝里的婴鼠甚至还没有醒呢！它们还小得很，跟小老鼠一般大，眼瞎耳聋，身上光溜溜的，连根胎毛都没有，这世上发生的事，它们还一点儿都不懂。

从洞里爬出来的是獾——发自森林的电报

　　飞来了椋鸟和云雀。它们边飞边唱。

　　熊还不见从洞里出来。我们都等得有些不耐烦了：莫非它们都死在洞里了吗？

　　正当我们等得心焦时，忽然，积雪一下一下地拱动了。

　　不过，从积雪下钻出来的不是熊，是一只我们不曾见过的陌生野兽，它的个儿有出生不久的野猪般大，通身披着毛，肚皮黑漆漆的，灰白的脑袋上，有两道黑色竖纹。

　　原来，我们看见的不是熊洞，是獾洞。从洞里爬出来的是一头獾。

　　獾在洞里过了一冬，现在它饿极了。它不能再睡懒觉了，它得天天夜里到森林里去找吃的，蜗牛、幼虫、甲虫，逮着什么吃什么。碰上有细小植物的根，它也吃。如果有野鼠，它就更要捉住不放了。

我们继续找熊洞，到处找。终于，又找到一个洞，这回可真的是熊洞了。

熊还在睡觉。

水漫到冰上来了。

积雪塌了下去。琴鸟为求偶而鸣叫。啄木鸟擂起了鼓，咚咚咚咚，到处都能听见它们啄树的声音。

一种白颜色的小鸟，白鹡鸰（jí líng）鸟，它们笃笃笃地啄冰吃。

庄稼人不再乘雪橇出门，而是驾上马车了，所以，走雪橇的道路就一片稀烂了。

春天是鸟儿们先发现的（上）

飞来，飞去；飞高，飞低。

春天是鸟儿们最早先发现的。各种不同的鸟来拉开春天的帷幕，有早有迟，有快有慢。最先是白嘴鸦飞来拉开莫斯科、彼得格勒、基辅郊野春天的帷幕，接着是乌鸦拉开了北方春天的帷幕，更晚些飞来的寒鸦，它们来拉开西伯利亚春天的帷幕。

头几块融雪地才出现，田凫（fú）就飞来了，白头翁和云雀也跟着飞来了。待到太阳把河里的冰渐渐化开，看吧，旷野里就蹲满了野鸭；河边就处处可见鹬鸰的身影；高朗的天空中就传来鸿鹄——也就是天鹅的嘹亮的鸣叫声，它们号筒似的啼唤，让人们一听立刻心潮澎湃；大雁一声连一声唝唝（gǒng）地叫着，老远就能听见；这时，鸥鸟开始在水面不停地穿梭、盘旋。

水上，林间，原野，鸟雀的啼啭喧闹得大地和天空一片生气蓬勃。一些留在森林里过冬的鸟，它们土生土长，也将在这里繁育它们的新一代。另一些鸟继续往北飞去，它们从南方归来，回到遥远的北方去，回到它们的出生地去——它们将在那里重新筑巢。也就在这个时候，一些鸟，颊白鸟呀、红雀呀、金翅雀呀，红胸雀呀，太平鸟呀，白枭呀，则将起身离开我们这里。它们只是冬天飞到我们这里来住住。如今北方正召唤它们归去，所以它们现在急不可耐地要往回赶，夏天和秋天都将在北方度过。连在我们这里过冬的一些乌鸦，一些出生在北方的乌鸦，它们也将匆匆离开。而从南方回归的乌鸦则正忙着往我们这里飞。

有飞走的，有飞回的，因为土生土长的灰色乌鸦终年都有，所以也不会有人去注意哪些是飞走的，哪些是飞回的。

鸟儿的来去不是随意的，是有严格规律的：总是那些去年秋天最晚离开咱们的鸟，春天最先回到咱们这里；最晚回来的，是去年最早离开的。

最先在地面采集草籽和啄吃草芽的是交喙鸟、金翅雀、红雀，因为它们最早来到我们这里。鸫（dōng）鸟、朗鹟（wēng）、燕子、欧夜鹰、雨燕，它们要等到蚊虫、苍蝇、蝴蝶出来漫天飞舞时才来觅食充饥。

初春，在光秃秃的地面上，在光秃秃的森林里，最早见到的往往是金灿灿的黄鸟，黄颜色的鹡鸰，色彩亮丽的斑纹雀，翅膀灰蓝灰蓝的佛法僧鸟，小个子的雕。只要看见这些鸟在活动，那就说明地上、树上还什么也没有。这时候，一定是春天暖意未浓时节，而明亮的阳光正抚摸着地面和树枝，诱使它们吐出一针针新芽，长出一片片新叶。

不同的鸟，在空中有不同的鸟路。有些鸟爱沿着海岸成群成阵地飞，一年又一年，一代又一代，它们飞的都是这条道，而另外一些鸟喜欢顺着河岸飞，再有一些鸟则惯于在森林和田野上空飞翔。即使是在漆黑的夜空飞、在大雾弥漫时飞，在暴风雨中飞，地面什么可供辨别的参照物都看不见，它们飞翔的方向和路径也纹丝不乱。

鸟儿飞翔的队形和阵列是各式各样的。仙鹤在天空中往往是交叉成十字形；鹬（yù）鸟的飞翔多是散漫的，从来不飞成一条直线；野天鹅常常是飞成一条长长的缰绳形。习惯在森林里生活的鸟，飞起来总是黑压压的一片，当然，飞翔的位置是不时互换的，一会儿你飞在中间，一会儿我又飞在边缘。

那么，那些冬天一直在咱们这里过的鸟这时都在做什么呢？

乌鸦、喜鹊、松鸡、麻雀、黑山鸡、雷鸟、白鹇（xián），它们早就在盼望春天了。春天一到，它们就尽情地欢闹。

鹧鸪（zhè gū）、山雀、金翅雀，冬天的时候它们彼此照应、共渡寒关，而一到开春就成对成双地各住各的、各顾各的了。黑山鸡喜欢独自一个，什么都自管自。

---→→≫呤 城市新闻

麻雀乱成一团

椋鸟房旁边响起了喧嚣声和吵架声，闹腾得乱作一团，绒毛、羽毛、草茎随风飞舞。

却原来，是椋鸟房的主人回来了。这椋鸟见自己的住宅被占了，就跟来占它窝的麻雀不客气了，它揪住占它住宅的麻雀，毫不留情地往外撺。椋鸟赶走了麻雀还不算，还往外扔麻雀的羽毛褥垫——连麻雀的一丝痕迹都不叫留下！

一个人站在脚手架上抹泥灰，他是被雇来垫补屋顶裂缝的工人。麻雀在屋顶急得直跳脚，它一只眼睛斜睨屋檐下干活的工人。忽然，它大叫一声，向抹泥灰的工人扑将过去。工人用手里的小铲子一个劲儿地驱赶。他没有想到，麻雀来同他拼命的原因是，他把裂缝都封死了，而那裂缝里有它下的蛋呢。

一片叫嚷声——有嘶声叫嚷的，有拼命打架的。风把绒毛和羽毛吹向了四面八方。

《森林报》通讯员　尼·斯拉德科夫

空中传来喇叭声

空中传来一阵阵的喇叭声，让城市居民不由得莫名惊讶。

太阳才显露玫瑰色朝霞，城市还没有苏醒呢，大街小巷都还一片寂静，因此，这声音听起来就格外清晰。

有些眼力特别好的，他们仰头仔细一瞧，就看见是一大群大白鸟，脖子全伸得挺挺的、长长的。它们擦着云彩飞翔。

这是一群成队列、成一线飞行的野天鹅，它们边飞边叫。

每年早春时节，它们就在咱们城市上空飞过，用大号筒似的声音叫着："克尔鲁—鲁——克尔鲁—鲁——"不过我们很少听到这叫声，因为街上车来人往，从天空传来的声音往往就淹没在喧嚣声中了。

这会儿，天鹅急急乎要飞往科拉半岛的阿尔亨格尔斯克附近去，那里有两条河，梅森尼河和培曲拉河，那河岸边，正是它们要去筑巢的地方。

爱鸟节

我们在等待身披羽毛的朋友们的到来。我们接到一项任务，让我们每人做一个椋鸟房。

我们大家都在忙乎这件事。我们有一个木工工场。谁要是还不会做椋鸟房，便可以在那里面学着做。

我们要在学校校园里多多挂些鸟巢。我们盼望着鸟儿们住在我们这儿，让它们来为我们保护苹果树、梨树和樱桃树，若有有害的青虫和甲虫，就把它们统统捉光。等学校欢度爱鸟节那天，每个学生就把自己做的椋鸟房带到庆祝会上来。我们商量好了：椋鸟房就是我们参加庆祝会的入场券。

森林通讯员　沃洛嘉·诺威
任尼亚·库里亚根

熊出洞了——发自森林的电报

我们在熊洞旁边轮流守候。

忽然，不知什么东西把积雪给拱起个小包包，不一会儿，就露出了一个黑乎乎的大野兽脑袋。

这爬出来的，是一头母熊。跟在它身后钻出来的，是两头小熊。

我们看见母熊张开红彤彤的大嘴巴，惬意地打了个大呵欠，接着就开步向森林走去。小熊们活蹦乱跳地跟在熊妈妈的后面跑。似乎就在我们看着母熊走动的时候，它一下子变瘦了，变小了。

　　它在森林里漫无目的地走动。它睡了这么一个长觉，现在肚子该饿慌了，所以见什么就吃什么：细树根呀，枯草呀，浆果呀。饥荒的时候，什么都是可口的，遇上兔子什么的，它就更不肯放过了。

候鸟浴着明艳的阳光归返故乡
（春季第二月）

四月春

四月是融雪的月份。

四月现在还没有苏醒，可四月很快就会苏醒的。四月一来，天气就将暖和起来了。你瞧着吧，还会发生些值得一看、值得一听的事呢！

在这个月份里，水从山上淌下来，鱼儿从它们避寒的洞穴里游出来。春天把大地从积雪底下拽出来，接着就执行它的第二项任务：把水从冰层底下解放出来。雪水汇聚成的小溪无声地流入河床，河水涨起来，挣脱了冰的羁绊。春水滚滚奔流，越流越急，谷地于是就泛滥成一片大水了。

土地饮足喝饱了春水和温雨，就披上了浓绿的新装，上头缀着五色斑斓的春花，那娇羞的样子，着实好看哩！森林却还赤裸裸地站在那里。森林知道，到时候，春天总会来照料它的，会来让它变得丰茂和华美的。其实，赤裸只是外表看起来是这样的，而树干里头已经在暗暗地涌动了，那不是芽膨胀了吗？地上的花儿开了，树梢枝头的花也在空中绽放了。

鸟类往自己的出生地大迁飞

在南方越冬的鸟类，像海浪涌动一般，一波一波地从南方越冬地起飞。它们的飞行都保持严整的秩序，齐刷刷地，一群一群往自己的出生地进行大迁徙。

今年候鸟大搬场，经过我们这里时的空中路线，还同往年一样，飞行时所遵循的那套规矩还一如它们的祖先，这规矩几千年、几万年、几十万年都不会变的。

头一批启程的，是去年秋天最后一批离开我们的鸟。最后动身的是那些去年秋天最先离开我们的鸟。在这些鸟群后面飞来的，是那些羽毛鲜亮华丽的鸟。它们要等这里新春的青草绿叶长出来后才飞来。因为飞来早了，在空无一物的大地上、树木上，它们太显眼。现在我们这里还找不到可供它们掩蔽的东西，可供躲避猛兽和猛禽敏锐的眼睛、让天敌都发觉不了它们的东西。

鸟类的海上飞行路线，恰好穿过我们的城市，经过我们城市的上空。这条空中飞行线叫作波罗的海线。

这条海上长途飞行路线，一端在阴暗的北冰洋，一端在炎热的地域，那里阳光充足，花繁树茂。无以计数的鸟群、海鸟群和栖息海边的鸟群，在空中飞行。一种鸟有一种鸟的队形。它们沿着非洲海岸飞行，穿过地中海，经过比利牛斯半岛和比斯开湾的海岸，越过一条条海峡，飞过北海和波罗的海。

一路上，等待它们的是阻障和灾难。浓雾会像厚厚的幕墙似的，突然出现在这些羽翼旅行家们面前。它们在城市的昏暗中看不清方向，迷了路，就盲目地冲冲撞撞，碰到看不见的悬崖峭壁，就不免粉身碎骨。

海上暴风频频刮断它们的羽毛，挫伤它们的翅膀，把它们吹到离海岸很远的地方去。

突如其来的春寒把海水冻起了冰，有些鸟经不住苦寒和饥饿，就毙落在半道上了。

成千上万的鸟，丧身在那些贪食无厌的猛禽——雕、鹰和鹞的利爪之下。

这期间，有许多猛禽集聚在海上飞行的路线上。它们不用出什么力，不用费什么劲，就能享受到轻易到手的丰美野餐。

也有数以千万计的海鸟，死在猎人的枪口下。

可是，重重艰难险阻挡不住羽翼旅行家们那挤挤挨挨的飞行队伍。它们穿过浓雾，冲破一切障碍，向着自己的出生地飞来。

我们这里的候鸟，并不都是在非洲过冬的。所以，也并不都是在波罗的海候鸟路线上飞行。有些候鸟是从印度飞到我们这里来的。有一种水鹬越冬的地方更远，在美洲。它们匆匆飞到这里，得穿过整个亚洲。它们从它们过冬的住处，到我们的阿尔亨格尔斯克附近的老巢，需得差不多飞行一万五千公里，路上需耗时两个月光景啊。

──▸▸▸✿ **林中要闻**

蚂蚁窝微微动起来了

在一棵枞树下面，我们找到一个大蚂蚁窝。起先，我们还以为这只不过是一堆子什么废弃物和老针叶，却想不到它竟会是一个蚂蚁城堡——真的，一只蚂蚁也看不到呢。

春阳一照，堆堆上的雪化了，蚂蚁就纷纷出来晒太阳了。几个月的冬眠之后，它们已经变得非常虚弱。粘连在一块儿，黑乎乎的一团，躺在蚂蚁窝上。

我们拿过一根小棒棒，轻轻拨拉它们。它们只稍稍动了动，连用蚁酸来刺激我们的力气都没有。

它们还得过几天才能重新开始干活儿呢。

池塘里

池塘又活过来了。

青蛙离开了淤泥里的冬眠床，产过卵，从水里跳上了岸。

而蝾螈（róng yuán）刚好相反，现在它从岸上回到水里。

蝾螈的颜色是褐里带黄的，尾很大，样子与其说它像青蛙，不如说它像蜥蜴。冬天，它离开池塘到森林里来过冬，躲在潮湿的青苔里睡觉，一直睡到春阳照临。

癞蛤蟆也醒了，也产了卵。不过，癞蛤蟆的卵跟青蛙的卵不同。青蛙的卵是一团团的，胶冻状，每一个小泡泡里有个圆圆的小黑点。癞蛤蟆的卵，却是有一条带子贯连起来，成条成串的，附着在池塘底下的水槽里。

森林保洁员

冬天，有时严寒突然袭来，有些鸟兽没有防范，一时不知所措，冻僵，被埋在雪下。春天一到，它们就露出来了。但它们不会在那里躺很久的，熊啊，狼啊，乌鸦啊，喜鹊啊，埋葬虫啊，蚂蚁啊，还有别的林中公共场地保洁员，它们会来及时把它们清理干净的。

会飞的小兽

森林里，一只啄木鸟大声叫起来了。那声音实在太大，我一听，就知道啄木鸟遇到不测了！

我穿过密林，一看，见空地上有一棵枯树，枯树上有个挺规整的树洞。那是啄木鸟的窝。一只从不曾见的小兽，正沿树干向那窝爬去。我叫不出那是什么兽！灰不溜秋的，尾巴不长，不蓬松，圆耳朵很小，跟小熊耳朵差不多，眼睛大而凸，像鸟类的眼睛。

小兽爬到洞口，往洞里瞅了一眼，看有没有鸟蛋可掏……啄木鸟拼死向它扑去！小兽往树后一闪。啄木鸟追了过去。小兽绕着树身滴溜溜转，啄木鸟也跟着转。

小兽爬呀爬呀，爬到了树梢，再上不去了！笃的一声，啄木鸟上去啄了它一嘴！小兽从树上反身跳起，随即就在空中向下滑翔！……

小兽的四爪向四面伸开，像一片枫叶似的飘在空中。它的身子一会儿侧向这边，一会儿侧向那边，小尾巴像舵一般转动着平衡身体。它飞过了草地，落在了一根树枝上。

这时，我才忽然记起来，它应该是一只鼯（wú）鼠，一种会飞的小个子野兽。它会飞，是因为它的两肋上有薄薄的皮膜。它伸出四个脚爪，打开皮膜，就能飞翔起来。它是我们森林里的跳伞运动员！只可惜这种小兽太稀少了。

《森林报》通讯员　尼·斯拉德科夫

⟶✦ 鸟邮员带来的快讯

春水泛滥

春天，雪融化得很快，河水说涨就涨起来，迅速淹没了两岸。有些低洼地带一片汪洋。动物遭殃的消息从四面八方传来。受灾最重的是野兔、鼹（yǎn）鼠、野鼠和田鼠，还有其他一些生活在地面和地下的小动物。大水一下冲进了它们的住宅，这些小动物只好弃家外逃。

小动物们谁都想逃命，逃得越快越远越好。

小个子动物鮈鳉（qú jīng）逃出洞来，爬上矮树林，蹲伏在树枝上等水退去。鮈鳉奔逃的样子真是可怜，因为它太饿了。

水涨得太猛。鼹鼠要不是逃得快，就该被迅速漫上来的水闷死在自己洞里了。它从地底下爬出来，冲出水面，赶快游动。它得找个干燥的地方去避难。

鼹鼠倒是个出色的游水能手。它游了好几十米，才爬上岸来。它觉得自己的运气不错，它那身油亮亮的毛皮，本是很容易被发现的，却幸而没一只猛禽看见它。

它爬上岸后，又顺利地钻到地下，躲起来了。

树上的兔子

有一只兔子，在春水泛滥时发生了这样的故事。

一条宽阔的河流中央，有一个小岛，岛上住着一只兔子。兔子每天晚上出来啃小白杨树的嫩皮，白天悄悄躲在矮树林里，不然被狐狸看见，就没命了。

这兔子年纪还小，是一只不算聪明的兔子。

它总是不大留意河上发生的变化。河水把许多冰块冲到小岛周围来了，噼里啪啦的声音响成一片，它也没有觉察。

　　发大水这一天，兔子在矮树林下的家里睡觉。太阳晒得它浑身暖洋洋的，所以睡得特别香甜。它压根儿就没发觉河水正迅速地涨到它沉睡的岛上，直到它觉出身子底下的毛都湿了，这才猛一下醒过来。

　　当它跳起来要逃命的时候，周围已经是一片汪洋了。

　　发大水了。不过现在水才漫过兔子的脚背，它赶紧往岛中央逃去——那里还是干燥的。

　　可是水涨得很快。岛越来越小，干燥的地方越来越少。兔子从这边窜到那边，才到那边又回头窜到这边。它知道这个小岛用不了多久就都将淹进水里去了，可它又不敢往冰冷的激浪里跳。这样滚滚滔滔的河水，它是断然游不到岸边的。

　　它就这样心惊肉跳地过了一天又一夜。

　　第二天早晨，小岛只剩巴掌大一块小地方露出水面了。幸好上面有一棵粗大的树，上头长了很多节疤。这只吓得魂飞魄散的兔子，绕着大树跑，跑了一圈又一圈。

　　第三天，水涨到树脚下了。兔子拼命往树上跳，可是每跳一次都掉落下来，扑通一声跌进了水里。

　　最后，兔子总算跳上了挨地面最近的粗树枝。好不容易在那上头找到了一个安身处，它就在那上头耐心等待大水退去。

　　水倒不再上涨了。

　　它并不担心自己会饿死，因为老树的皮虽很硬很苦，不过肚子饿得慌时，还是当得食粮的。

对它生命威胁最大的还是风。风把树枝吹得东摇西晃，兔子抓不稳这剧烈晃动的树枝。它像一个趴在桅杆上的水手，脚下的树枝恰似船帆在风中摇摆的横杆，下面奔流着深不可测的冰水。

兔子眼看着身下汹涌的激流里，随浪起起伏伏漂浮着大树、木头、枯秸，还有动物的尸体也从它眼下漂过。

倒霉的兔子看见另一只兔子随水浪慢慢漂过去，那上下晃荡的样子吓得它筛糠一般哆嗦不止。那只死兔子的脚挂在一根枯枝上了，它肚皮朝天，四脚僵直，跟树枝一样漂流着。兔子就这样在树上趴了三天。

后来，水落下去了，兔子才跳到地上来。

现在它只好就这样在河中的小岛上待着，一直待到夏日到来。夏天，河水浅了，它才得以跑到河岸上来。

乘船的松鼠

鳊（biān）鱼从河里游上了汪洋着春水的草地，一个渔人就划了一只小船，在草地上支下了个逮鳊鱼的袋形网。他的船在那些冒出水面的矮树树梢间，继续慢慢穿行。

在一棵矮树上，他看见有一朵黄里透红的蘑菇，感到很奇怪。忽然，那朵蘑菇跳了起来，径直跳进了渔人的小船里。

这朵蘑菇在船里一落下，眨眼间就变成了一只松鼠。它浑身都被淋湿了，毛从头到尾都是七支八叉的。

　　渔人把松鼠送到岸边。松鼠嗖一下就从船里弹了出去，连蹦带跳地钻进了树林。

　　松鼠怎么会在水中央的矮树上呢？在那里，它待了多久了？没有人知道。

春汛殃及鸟类

　　对于林中的双翅居民来说，春水泛滥并不是多么可怕的事。但是，它们也吃足了春汛的苦头。

　　鲜黄鲜黄的鹀（wú）鸟把自己的窝做在运河岸边，并且已经在里头下了蛋。

　　春汛的大水冲毁了它的窝，水浪把它的蛋卷进了漩涡。鹀鸟于是只得去另找合适的地方做窝。

　　田鹬蹲在树上。它在等着春汛过去，大水退去。

　　田鹬是一种林鸟。它住在林间沼泽地上。它的嘴奇长，插到烂泥里能灵活地找到它吃的东西。

　　它蹲着，一直蹲着。它在等水退去。到那时，它又可以用长长的脚在泥淖（nào）上走路了，又能用长嘴在烂泥里挖洞。它可不能离开这片生它养它的沼泽地！

　　所有的沼泽地都已经被田鹬占据了，别的沼泽地上的田鹬，是决不会放它进去的。

最后的冰块

　　小河上本来有一条冰道横穿过河，农人的雪橇就行走在这条冰道上。春天的阳光暖洋洋的，照得小河上的冰道浮了起来，开裂了。这样，这条冰道就随河水向下悠悠地漂去。

这是一块很脏的冰，上面分明有马粪、雪橇的轮迹和马蹄印。冰块上面，还扔着一枚马掌上的钉子。

起初，冰块随小河漂流着。一些通身洁白的鸟，它们是鹡鸰，从岸上飞到冰块上去，啄那上头的苍蝇吃。

后来，小河的流水漫出了河岸，冰块就被冲到草地上去了。鱼在水汪汪的草地上游来游去，时而也串游到冰层底下。

有一天，从冰块旁边的水面冒出来一只小黑兽。它爬上了冰块。这是一只鼹鼠。草地漾起春水后，它在地底下就没空气可呼吸了，因此就浮到水面上来。后来，凑巧这块冰的一侧被土坡挂住，鼹鼠就连忙跳上土坡，很快就挖了个地洞，随即顺地道钻进了地里。

冰块继续往前漂去，漂去，漂进了森林。冰块撞在一个树墩上，又搁下了。冰块上立刻聚集起许多叫水灾害苦了的陆栖小野兽。它们当中有林鼠和小兔子。它们都遭到春汛的袭扰，都受到死亡的威胁。这些小兽个个都是又受惊又挨冻，所以一直哆嗦个不停。小兽们身个儿挨着身个儿，密密匝匝，紧紧挤成一堆。

幸好大水很快退了下去，太阳把冰块全烤化，小兽都跳到了地面，四散了，各跑各的了，于是就只剩一个马掌铁钉，还留在树墩子上。

在小河里，在大河里，在湖里

圆木在小河的河面上挤成一堆。这是伐木工人利用冬季放筏了。

我们省偏远的森林里有几百条细小的溪流与小河，其中有不少是流入穆斯塔河的。

穆斯塔河流入伊尔敏湖。又从伊尔敏湖流出来，流经宽阔的沃尔霍夫河，再流入拉多加湖。

再从拉多加湖又继续流，流进了涅瓦河。

伐木工人们在冬季里砍伐过于稠密的森林，春天冰雪消融以后，就把木材推进河流。这样，不会动弹的木头就顺着山径、小路和大道旅行了。要是木头里住着飞蛾什么的，这飞蛾也就旅行到涅瓦河去了。

放筏的工人，顺河一路能看见许多见所未见、闻所未闻的东西。

有一位放筏工人告诉我们这样一则故事。

有这么一只松鼠，它蹲在树林小河边的一个树墩子上，两只前爪捧着个松果，在那里啃得起劲。

忽然，从树林里蹿出来一条大狗，对着它汪汪狂吠，还向它扑来。可惜这会儿它旁边连一棵树也没有，不然它可以就近爬上一棵树去逃命的。松鼠把松果一扔，四面蓬开的大尾巴翘在背上。蹦着跳着向河边飞跑，狗在后头穷追不舍。

恰在这时，河面漂来几根挤作一片的圆木。松鼠立刻跳上了离河岸最近的那根木头，再跳到第二根，接着又跳到第三根。

狗也冒冒失失地跟着跳上了木头。可是凭它那细长长、直溜溜的狗腿，怎么能从一根圆木跳到另一根圆木上呢？圆溜溜的木头在水面上直打滚，直翻转。狗的后腿一滑，前腿也跟着滑，扑通一声，狗掉进了河里。这时，河面上又漂来一片圆木。看都来不及看清楚，狗就被这批木头盖进水里了。

而轻巧灵敏的松鼠，则从一根木头跳到另一根木头上，再跳到第三根木头上，接着跳到第四根木头上，轻轻松松地上了岸。

还有一个放筏工人看见一只棕褐色的野兽，趴在一根单独漂浮在水面的大圆木上，它个头有两只猫那么大吧，嘴里咬着一条大鳊鱼。

这是一只水獭。

春季来临前，鱼做什么

冬天，河里结起厚厚的冰，鱼都在冰下睡觉。鲫鱼和冬穴鱼，在秋天时节水开始变凉时，就钻进河底的淤泥里去了。鮈（jū）鱼和鲌（bó）鱼在河床洼坑的沙堆里过冬。鲤鱼和鳊鱼有的到长满芦苇的河湾里去，躺着过冬，有的冬天就躺在湖湾的深坑里，静静地等待春天的到来。鲟（xún）鱼秋天就成群成堆地挤到大河河底的洼坑里去，因为大河结冰往往不会结到底，河越深，河底的水就越暖和。

春天是鸟儿们先发现的（下）

唱歌，跳舞，玩耍。

春天是鸟儿们纵情歌唱的日子。它们不住声地唱呀唱呀，要唱六个月呢，直唱到它们开始躲在窝里养育自己的孩子。

唱歌，哪只鸟不会呢——不就是张嘴叫叫吗？

鹤鸟的嗓门大，歌喉最是嘹亮，它们在枝头蹲着唱，几公里外都能听到。天鹅是边飞边唱，一路飞一路唱，那粗浑的声音就像是吹响了又大又长的号筒。听起来最恐怖的是白鹇在夜间的叫声，就像是大猫头鹰那恶浊的嚯嚯声，此时走夜路的人一听就不由得毛骨悚然、心惊肉跳。而小猫头鹰的叫声却很不一样，它们的叫声是迷蒙的，轻柔的："我还要睡！我还要睡！……"林鸽的叫声咕咕、咕咕，很有一种黏稠的感觉，仿佛在说："林鸽住在橡树上！林鸽住在橡树上！"声音宛如闷在手卷筒里似的，它边扇动翅膀，边转圈子，边不停地叫。

连那些嗓门很小，不擅鸣叫的以至于压根儿就没有嗓子的鸟，这时也拼命地亮出它们的最高音。

鹳鸟这时也提高几倍嗓音，张开长长的嘴巴咽咽咽连声叫，就像是击打板乐器似的。啄木鸟用它坚硬的嘴壳子咚咚敲击枯木树干，俨然是一名不知疲倦的鼓手。红彤彤的麻鸭频频钻进水里，当它浮出水面时，它那欢快的叫声可真叫响！而山鹬猛然冲飞上天，接着在空中头朝下，不断地左右摆晃它的尾羽，随即就从高空传来它羊羔叫唤般的咩咩声。

有些鸟则特别爱好舞蹈。

有一类鹬喜欢在水边跳舞。一种鹬跟另一种鹬脖颈上的羽毛颜色都不相同：有黑色的，有黄色的，有红色的，有咖啡色的，也有的五色俱全。它们聚拢后就开始彼此挑逗，颈羽一只比一只竖得直，尽量展现自己的威武，然后一会儿头冲地面，一会儿旋转，一会儿蹦跳，一会儿向前，一会儿后退，只只都想比赢对方。远远看去，恰是一场五色交缠的拼斗——而其实它们是在嬉戏，是有意这么缠斗着玩的，它们的嘴壳子都不硬，所以互相啄搏也不会把对方碰伤。

黑山鸡就不同了。它们的嘴像一把弯弯的镰刀。它们在林间空地上正儿八经地摆开拼斗的架势。它们大叫，呼哧呼哧，同时频频弹开翅膀又收拢，收拢又弹开，只只气势汹汹，互不相让，互不服输。它们头冲地，嘴壳子对嘴壳子，打得额头鲜血淋漓还不善罢甘休。过一会，它们的搏杀升级了，个个拿胸肌撞击对方，此时的拼搏都离地进行，又是用翅膀撞击，又是拿硬嘴对啄，杀到火头上，就羽毛横飞，血星迸溅，不分出个输赢绝不罢战。也有的鸟一直沉静，不爱唱歌，也不爱打架，也不爱玩耍。它们操心的是另外一些事情。

尼·斯拉德科夫

⟶⟶ 乡村消息

庄稼地上一片欢腾

农人们一把拖拉机开上庄稼地，羽毛黑里亮着点蓝的白嘴鸦就立刻飞来了。它们大模大样地摇晃着身子，亦步亦趋地跟在拖拉机后面走。在离拖拉机远些的地方，灰色的乌鸦和白腰身的喜鹊，在蹦着跳着向前走动。它们欢欢喜喜地啄食犁和耙翻出来的蛆虫、甲虫和甲虫的幼虫，这些都是它们的美味点心呢。

清晨和傍晚，当红霞满天的时候，在蓬蓬勃勃的万绿丛中，不时传来一串串声音，似乎是一辆看不见的大车在响，又仿佛是一只硕大无朋的蟋蟀在叫：

"切尔——维克！切尔——维克！"

这声音不能是大车，也不能是蟋蟀，原来是一只羽毛华丽的地头公鸡——灰公山鹑（chún）在叫。

它通身一色灰，间杂着些白花斑，两颊和颈部橘黄色，脚是黄的，眉毛是红的。

它的妻子母山鹑，在一片葱绿的草丛里选中了一个地方，就准备在那里做窝产蛋。

草场上，新草舒青了。这不，天刚放亮，牧童们就把牛群和羊群赶到草场上去。阵阵牛羊响亮的欢叫声，把小房子里的孩子们都吵醒了。

有时人们可以看到马背上和牛背上的骑士——它们是寒鸦和白嘴鸦。牛走着，羽翼骑士们在马背牛背上啄着，笃一嘴，笃一嘴，啄得很欢！牛马本来是可以用它们的尾巴撵苍蝇似的把它们赶跑的。然而它们忍耐着，不甩动尾巴，不撵它们。这是为什么呢？

道理很简单。它们背上的小骑士们没有什么重量，对牛马不算负担，却在给牛马做好事呢。寒鸦和白嘴鸦是以啄食牛马毛里的牛皮蝇、马虻的幼虫为生的；还有，苍蝇下在牛马身上破伤皮肤处的卵，也在这时候被它们啄进了肚子。

熊蜂只只肥胖硕大，浑身毛茸茸的，它们早就醒来了，嗡嗡地叫个不停；细腰马蜂通身亮晶晶的，它们也呜呜不停地飞旋。离蜜蜂飞出来的时候，也该不远了。

农人们把藏蜂室里和地窖里收着过冬的蜂房拿出来，放在养蜂场上。蜜蜂扑扇着它们的金色翅膀从蜂房里飞出来，在阳光下逗留了一阵，晒得暖洋洋的，然后张翅飞向花丛采集甜蜜。它们的采蜜活动，就这样开始了！

城市新闻

街头也闹腾起来了

蝙蝠开始夜夜空袭城郊了。行人在街上走，它们连瞅都不瞅一眼，只管自己在空中追捕蚊子和苍蝇。

燕子回来了。我们这个省共有三种燕子：一种是家燕，它有长长的叉子一般的尾巴，颈部喉部都有一个火红火红的斑点；一种是金腰燕，它们的尾巴短短的，喉头白白的；一种是灰沙燕，个儿小些，通身灰褐色，而下面的胸腹却是白的。

家燕在城郊的木屋上做窝；金腰燕的窝做在石头房子上；而灰沙燕则把窝做在断崖之上，在那里孵小燕子。

燕子飞回来后过许多日子，雨燕才飞回来。人们不难把雨燕和其他的燕子区分开来，雨燕往往是一来就无休止地尖叫，唧唧唧，唧唧唧，在屋顶上穿梭，飞掠。它们看上去是黑乎乎的，翅膀不像普通燕子那样是尖角形的，而是半圆形的，像一把镰刀。

　　　　　　　　摘自少年科学研究会会员的日志

凯特的见闻

《森林报》编辑部来了一个个头矮小的男孩。

"你们好！"他怯生生地说，"我叫凯特·韦利坎诺夫，请你们接纳我为你们《森林报》的记者。森林里的事，我能够说很多，给你们说几个你们准没有听说过的故事。"

"噢，倒是看不出啊，你有这本领，"我们又惊讶又欢喜，"不过，你瞎编出来的故事我们可不需要，我们的《森林报》只刊载合适的但自然真实的故事。"

"怎么说，不需要？难道你们不想知道，读者在读《森林报》的时候都想些什么？"

"我们是想知道他们在读《森林报》的时候都在想些什么。"

"啊，这不就得了！而我在想的，就是他们想的。因此，他们就想，你们什么都为他们想到了，所以他们就什么也不用想了。你们上月的《森林报》登过一篇文章说鸟儿们都在控诉猫和淘气男孩毁了它们的窝吗？登过！鸟儿啊，是一种不会说话的活宝，它们被掏了窝，大祸临头，它们哭。可它们无泪，它们不是无泪，是它们的眼泪人们看不见，它们不控诉，不是它们不控诉，是它们没有可控诉的地方。读者是很想替鸟儿们控诉啊，他们是很想到《森林报》编辑部来为鸟儿们控诉啊。这我太知道了！我本人就是一个读者嘛！"

"那好啊！你倒是说说，在鸟不能说人话的情况下，咱们的读者都听明白了些什么？"

"当然不是他们能听懂鸟话……鸟话谁能懂呢！……不过，当危难向一个生物逼近的时候，它会怎样痛苦地抗争，是我们可以想象得出来的。为了知道鸟儿们在危难临头的时候它们都说些什么，我就做了这样一个小玩意儿。"

"啊，你还有一个玩意儿！这就是另一码事了。拿出来，给我们瞧瞧。"男孩从衣袋里掏出一个皱巴巴的小本本，递到我们面前。

我们的兴趣一下被激起来了，我们预感到我们的《森林报》将获得许多有用的东西。

我们从凯特手中接过本子，并且问他还给我们带来了什么。

这时，我们才恍然明白，这个凯特·韦利坎诺夫，就是省广播电台表彰过的孩子。

电台编辑部的朋友们告诉我们，说凯特是一个非常出色的少年自然科学研究会的会员，说他很善于观察，非常灵活机敏，还真诚、勇敢，生性快乐。

只是他说事总爱带点儿夸张。他对自己的名字也作了一番夸张，他原来的名字叫马雷什肯，可他却把自己叫成了什么凯特·韦利坎诺夫，这"韦利坎诺夫"就是"伟大人物"了。他好开玩笑，爱哄哄人，不过也就是逗个乐罢了，完了他还是自己澄清了事实，把真相一五一十地说了出来。

下面是凯特观察到的十个现象。

星期天，我一大早就起来，打算乘车到郊外去，看看那里的动物和植物。

我到涅瓦河一看，噢哟，天哪！有两只从未见过的大鸥鸟在水面上飞，奇的是从胸到背都雪白雪白的，可翅膀却是漆黑漆黑的，好像是人装上去的一般！

桥下游着几只野鸭。哗啦一下钻进了水里！河水十分清澈，我在桥上清清楚楚地看见它们钻进水里，就在水里向前游。那自由自在，就跟在空气中飞一样！奇怪的是，它们的翅膀在水里扇动，就跟在空气中扇动一样！

看过这两件奇事之后，我又往前跑。我一边跑，一边哼学校里唱过的老歌：

胡扯了，胡扯了，

这事儿太蹊跷！

虾儿割青草，

锤子烤面包！

我乘上电气列车，很快就到了我常去的一个车站，那里，我一眼看到一片大森林，那森林背后是大海，就是芬兰湾。

海上一片鸟叫声，满眼都是穿梭飞行的水鸟，看得人眼花缭乱。我爬上一棵树，树上能看得更远更清楚，当望远镜凑近我的眼睛……我差点儿大叫起来：五十来只像煤块一样乌黑的天鹅！

太走运了！太神了！太玄乎了！就我一人，在离大城市不远的地方看见这漂亮得难以形容的鸟群！再一看，又飞来了好多野鹅，它们和黑天鹅一起在海面上游动。整整一大片哪。更妙的是雨燕和紫燕就从天鹅的背上飞起来，在海面上往来穿梭，放眼望去，整个海面尽是五光十色的羽翅来客。

亲亲的鸟儿啊，欢迎你们飞到我们这里来做客！体魄强健的野鹅用自己长长的翅膀把燕子从大海那边载来。我感谢野鹅们，我们早就在翘首期盼它们到来了！

哦，春天来了！啊，春天来了！我向森林那边望去，瞧，那边满眼都是高大的椴树花，甜蜜的椴树花香弥漫在我的四周。山坡上到处绽放着亮晶晶的黑花，忘记了这种黑花叫什么名字了。时不时从远处传来羊羔的呼唤声，咩咩，咩咩,听起来非常轻柔。

我久久地坐在树上,沐浴在鸟语花香之中,沉浸在色彩的海洋里……突然,我看见一个白颜色的什么野物在矮树林里悄悄走动……我起先以为是一只雪兔。后来仔细一看,不是的,比雪兔要小得多……似乎是一只什么鸟……身上有大块的白斑哩。

"哎嗨,"我寻思着,"这准是那只鸟没有脱去冬装!"

时间过得很快,不知不觉就到中午时分了。我的肚子感觉有些饿了。于是我从树上下来,往车站跑。一排影子从树林里闪过。我想这是燕子正从村子上空飞过。走近认真一看,原来是些飞鼠。这就是说,飞鼠一类的动物也已经从隐蔽的土洞里爬出来了。

在车站边的林子周围,我又有了新的发现:蘑菇长出来了,我采了满满一帽兜!

凯特·韦利坎诺夫

试 枪

森林管理员给了小儿子一支双筒猎枪。

池塘边有一个窝棚,男孩就在窝棚里面往水面望,看池塘里有没有野鸭飞来。

他等了好一会,终于飞来一对小水鸭。公的通身花花的,红色的头部有两根深绿色的条纹。母的要素得多,只翅膀上有两点绿斑。

这对小水鸭游过来了！男孩慌忙开了一枪。没想到，他瞄的明明是花公水鸭，却打着了母水鸭。

公水鸭飞起来，在池塘上空转了一圈，又转了一圈，可突然敛起翅膀，像一块石头似的坠落下来，掉在了池塘里。

男孩想："啊，我干吗打母水鸭呢？公水鸭没有伴儿不能活的呀！"

男孩把摔死的公水鸭从地上捡起来，心里带着疑问转身回家。

男孩回到家，泪眼婆娑（pó suō）地对父亲说了他今天打水鸭的经过。他说他瞄准的是公水鸭，可打死的却是母水鸭，而公水鸭飞起来，却又自己掉下来，摔死了。父亲看了看小儿子捡回来的公水鸭，检查了一下，发现它只是头部有一处摔伤的痕迹。

"这就是说，"父亲说，"公水鸭一看自己的伴儿已经被打死了，没有伴儿它也不能活下去了，于是，它以为自己也已经是死的了，这样，就真像死了似的，吱溜溜坠落下来，摔死了。"

林野专稿

天鹅之死

四月中旬，冰封的湖面一片暗褐色。有的冰块裂开了，湖泊中央于是可见一个个窟窿。解冻的湖水像蓝宝石似的，在阳光下闪闪发光。无论什么时候，早上也好，白天也好，傍晚也好，一眼望去，总能见到成群的候鸟在解冻的水面上栖息、起飞。晚间，湖面上不断传来候鸟们喉音很重的叫唤声。

站在河岸上，我不难看清楚，这些候鸟是一些潜水鸟，有鸟，有野鸭，有急于飞向遥远北方的奥列依长尾鸭。长尾鸭的羽毛黑白相间，长着箭一般的尖尾巴。其实，不用看它们的模样，晚上只需听听它们的叫唤声，也能分辨出来，它们不像别的野鸭那样，吱吱嘎嘎地叫个不停。它们仿佛要把一个叫奥列依的人从遥远的地方唤回来，嗓音总是那么洪亮、坚毅，一遍又一遍地叫着："啊，奥列依，奥列依，奥列依！"

野鸭们是不会到冰窟窿旁边来这么叫的。它们在那里无事可做，湖水很深，它们从湖底取食时，只需把前半身插进水里去，用不着把整个身子都钻进水底。潜水鸭在水底也能为自己找到吃的东西。

这几天，在湖水上空，天鹅时常擦着云端飞过。它们的叫声欢快有力，能把春天其他的声音都盖住了。天鹅美妙的身姿，一看就会让人打心底里激起情感的波涛。

有的书上，把天鹅的叫声比作银质号筒吹奏出来的音响。是的，天鹅的叫声确乎很像神秘的、神话里才有的大银喇叭的声音。

三天前的一个早晨，这银喇叭的声音突然闯入湖边人们的睡梦，把他们唤醒了。这声音似乎就在人们的小木屋的房顶上轰鸣。

有人穿上衣服，跳下床，抓起望远镜向湖边跑去。

有十二只仪表堂堂、优美可人的天鹅，它们庄重地扇动着宽大的翅膀，排成"人"字形，在湖岸上空飞翔。它们洁白的翅膀，在黑蒙蒙的树林背后升起的阳光里，闪射出银白色的光芒。

"看呐，银喇叭的比喻就是这么得来的！"

这群天鹅在盘旋下降，它们准是想落到湖面上来歇脚吧。

眨眼间，湖对岸黑压压的密林上空有一个罪恶的光点倏忽闪过，接着冒出一团白烟。

随后，轰隆的枪声传进了我的耳朵。同时看到湖对岸一个矮小的猎人的身影。

毫无疑问，这是他向天鹅开的枪，这家伙打得很准，天鹅的队形散乱了，它们相互碰撞，歪歪斜斜地向高处飞去，有一只天鹅掉队了，它斜倾着身子，扇动一只翅膀，兜着圈子，向湖心跌落下去。

"你必须为这一枪付出巨大的代价！"我想到这个偷猎者时，心里异常激愤。

但偷猎者已经转过身，一闪就在树林里消失了。

我们的法律禁猎天鹅。

打死这种美丽的鸟儿，法院是要重重罚他款的。地球上辽阔的灌木林湖滩越来越少了，能让这些神话般的鸟儿躲开人的目光，蹲在用芦苇和绒毛构筑成的大窝里孵育它们的后代，该是多么好啊，要知道，天鹅是越来越少了呀。

被击中的天鹅跌落在冰窟窿里。它用伤势严重的翅膀拍打着水面，高高地昂起挺直的脖颈。

这是一只大天鹅，也叫黄嘴天鹅，是天鹅中最大的一种。它那轩昂的略带野性的姿态，让人们很容易就把它和非常美丽的无声天鹅——世界各城市公园里仿真装饰品区别开来。无声天鹅停在水面上时，双翅的背像小丘似的隆起，它的头颈始终保持弯曲的样子。大天鹅和它们不一样，它把一对翅膀紧贴在身上，高傲地抬起头来，脖子能抬多高就抬多高。

我找到了大天鹅的同伴，它们在湖泊尽头上空飞行。它们又排成"人"字形，悠缓而有节奏地扇动着沉重的翅膀，镇定地从高空飞离险境。

就在这时，停留在冰窟窿里那只被打伤的天鹅叫了起来。

"克林格—克溜—呜，"孤凄无依的天鹅，用高亢而略带嘶哑的声音哀鸣着。在它啼鸣的声调里流露出痛楚——那是它绝望的哀鸣。哦，那忧伤，那绝望，听一声，心就碎了！

"克林格—克林格—克林格—克溜—呜！"从远方传来伙伴们的回答。

"克林格——克溜—呜！"受伤的天鹅绝命地叫唤着。

飞翔的天鹅们掉转头来。它们兜了一个大圈，排成直行，降低高度，收住翅膀飞落下来。

受伤的天鹅不叫了。

那人在望远镜里能清楚地看到，天鹅一只接一只地飞到水面上，它们溅起两道水花，借着身子的冲力在水面上往前浮动。不久，天上、水面的天鹅都会合到一起。于是，就再也分辨不出哪只是负伤的天鹅了。

要知道，天鹅像其他的浅水鸭一样，在深水区是不能得到食物的。它们像鸭子一样把长长的脖子伸进水里，在浅水滩上寻找食物。

过了两小时光景，天鹅终于又从湖面飞起，它们张开翅膀，又排成"人"字形队伍，继续往它们便于做窝的北方飞去。

受伤的天鹅又发出凄厉的鸣叫。它叫得那么悲凉啊！它一定是知道自己的命运了。它知道自己注定要饿死了。

据说，天鹅临死前要唱歌的。但那是歌吗？那银亮的号筒吹奏出来的哀伤，谁听了，心都会发颤的。

我想要救这只受伤的天鹅。我请渔人帮忙。但渔人们听了直摇头：谁也不能把船拖到冰窟窿里，就是站到已经裂开的冰块上，也是非常危险的事。

受伤的天鹅在冰窟窿中间，来回游动着，它也没有力气向覆盖着冰块的湖岸游来。我再也不忍看下去。当我转过身迈步离开的时候，一路上，那有力的、忧伤的、像喇叭一样洪亮的叫声，久久萦回在我的心间。

两天过去。天鹅没有再叫了。它的踪影在冰窟窿上消失了。

在冰窟窿的边沿有一大块鲜红的血斑。

从树林到冰块上印着淡淡的狐狸的脚印。

也许是，大天鹅在夜间爬上了冰块。它想去岸边浅滩处栖息，结果却落入了狐狸的利爪——准是这样的吧。

天鹅消失了，从冰窟窿那边又传来长尾鸭响亮的叫唤声。

"哦，奥列依，奥列依，奥列依！"

一群群鸟儿飞离湖面，向北，向它们便于做窝安家的北方飞去。

杀害美丽的天鹅是不能不付出代价的：那个偷猎天鹅的家伙，被武装护林队逮住，送进法院去了。

万绿丛中鸟兽欢欣歌舞乐在其中
（春季第三月）

五月春

到五月了——这是尽情歌唱和尽情玩乐的月份！到这个月份，春天全副心思都用来做它的第三件事：给森林披上绿装。

森林里欢乐、喧闹的月份开始了——五月可是森林的歌舞月啊！

太阳的光和热完全战胜了冬日的暗和寒。在我们这离北极不远的地方，晚霞和朝霞握上了手——白夜就这样开始了。生命一旦收复了土地和水，就又昂然地挺起了腰身，显示出自己固有的活力。新生树叶亮晶晶的，它们缀成了翠绿盛装，披在高大的树木上，于是森林顿时焕发出蓬勃的生机。昆虫凡有翅膀的，都飞起来了。苍茫暮色降临大地的时候，好在黑暗中活动的夜鹰和蝙蝠，纷纷飞出来捉昆虫吃。中午这段时间是属于家燕和雨燕的。鹞和鹰在旷野和森林上空不停地来回盘旋。田野上空的茶隼和云雀飞得那么稳定自若，像是被一根无形的线吊挂在云彩之上。

没有铰链的咿呀声，门却打开了，里面的金翅居民，那些一刻不闲的蜜蜂，飞出来了。大家都在唱，都在玩，都在做游戏，都在舞蹈：琴鸡在地上跳，野鸭在水里舞，啄木鸟在树上转，鹬鸟，这是天上的绵羊啊，它们在森林上空翩跹（piān xiān）。这五月，正如诗人所说的："在我们俄罗斯，所有的鸟、所有的野兽都在狂欢，肺草从枯败的树叶下钻出来，在树林里幽幽地发蓝。"

我们把五月叫作"哎咦"月，
你倒是说说，这是为什么？

因为五月的天气暖得温温的，凉得柔柔的。白天有阳光照拂，和和煦煦，而夜晚，哎咦，那个爽爽的凉啊。热，也是五月热得舒坦，凉，也是五月凉得舒坦。

→→》》☞ 林中要闻

森林乐队

没到五月，夜莺就唱起它的歌来，白天尖声尖气地那个啼，夜里悠悠扬扬地那个啭。

孩子们就觉得这鸟也太让人不可思议了，它们白天连着夜晚地唱，那么哪会儿是它们睡觉的时间呢？孩子们不知道，鸟儿在春天是没有时间睡大觉的，它们想睡了，就休憩一小下，它们唱一阵，稍稍打个迷盹，醒来又唱，一般也就是中午睡上一小觉，半夜睡上一小觉。

艳艳朝霞布满东方天际，彤彤晚霞映红西方天空，这两段时间，整个森林里的鸟儿都在歌唱奏乐，能唱什么就唱什么，能玩什么就玩什么，反正是各唱各的，各奏各的。你走进森林，可以听到，有的在用高亢的歌喉独自放声清唱，这边提琴奏响，那边皮鼓频敲，更那边则笛声悠扬，汪汪声，呜呜声，孔孔声，唉唉声，吱吱声，嗡嗡声，咕呱声，嘟噜声，要多热闹有多热闹。

燕雀唱了，莺鸟唱了，它们的歌声清脆而嘹亮。鸫鸟是特别爱唱、特别能唱的鸟，它的歌声也一样是脆亮亮的，传得很远。提琴是甲虫和蚱蜢拉响的。鼓声是啄木鸟敲响的。吹笛子一般声音尖尖的，是黄鸟和格外袖珍的白眉鸟。

狐狸和白山鹬有点像狗吠。牝（pìn）鹿的叫声有点像人咳嗽。狼呜呜哇哇地嗥。猫头鹰不时地哼哼。丸花蜂和蜜蜂不停地嗡嗡嘤嘤。最能喧闹的是青蛙，咕咕呱呱，就不知道什么是疲倦。

嗓子不中听的动物也叫，它们不觉得自己有什么不好意思的。它们就各自选择乐器，难听好听，反正玩就是。

啄木鸟找的都是枯树。它的嘴壳子频频向枯树啄去，于是森林里就响起了皮鼓的咚咚声。那坚硬的嘴壳子就是它们最好的鼓锤。

而天牛的脖子不停地扭动，嘎吱嘎吱直响——这不活脱脱是小提琴演奏家呀？

蚱蜢的细爪子背过来抓翅膀，它们的细爪子上有小钩子，而翅膀上有锯齿，一摩擦就发声了。

通身火红的麻鳽把自己长喙伸进水里使劲一吹气，水就布鲁布鲁似滚起来一般的响，整个湖也就公牛似的哞哞起来。

这山鹬就更绝了，竟用尾巴参加森林大合唱。它嘣地一下就腾空而起，在云端像扇形一样展开，然后头朝下吱溜直冲下来，这时尾巴兜着风，就发出似羊羔叫的咩咩声，于是森林上空就传来羊羔的叫唤！

森林的乐队就是这样热闹和丰富。

嬉戏和舞蹈

沼泽湿地上，仙鹤们开起了舞会。

它们围成一个圈，有一只或两只走到圈子当中来，于是一场群体舞蹈就开始了。

起先，它们并不大跳，只不过两条细长细长的腿往高处蹦蹦。后来，就放开来大舞特舞了，动作越来越大，双翅高高地扬，双腿频频地甩，看着真能让人笑破肚皮！一下转着圈儿跳，一下蹿着步子跳，一下蹲姿弹着跳，比起高跷舞蹈来，那是毫不逊色！站在周围的仙鹤配合着它们的舞蹈动作，不停地按它们的舞蹈节拍闪动翅膀，呼啦，呼啦。

猛禽的游乐场所在空中。

最能玩出花样来的猛禽是游隼。它们一直向上飞升，飞升，冲到云霄，在高空展示它们出奇的灵活性。时而，突然收紧双翅，从高得看了叫人头晕的高空，像一小块石子似的直溜溜飞落下来，眼看快触地了，才哗啦一下把翅膀向两边弹开，来个大盘旋，又冲向高空。时而，定定地停在云霄，张着翅膀一动不动地僵在那里，好像有一根线拴着它似的，吊挂在云彩下面。时而，忽然在空中翻起跟斗来，活脱脱是一个小丑从天而降，连连翻着跟斗向地面坠落，一边挥动翅膀飞舞，一边做高难度的翻圈动作。

最后飞来的一批鸟

春天眼看就要过去了。最后一批到南方越冬的鸟飞回我们城市来了。

凭我们的经验，我们等来的将是色彩最艳丽、羽毛最鲜亮的鸟。

现在，草地上开满了鲜花，大树小树都覆满了新叶。鸟儿们来到这里，很容易就能找到躲避猛禽袭击的地方了。

有人在小河上看见过翠鸟，这身上穿着翠绿、棕褐、淡蓝三色相间的大礼服的鸟，是从埃及飞来的。

丛林里飞来了黑翅膀的金莺。这种金黄色的鸟叫起来，声音就像是在吹奏横笛，又像是瘦骨伶仃的猫在叫。它们是从南部非洲飞来的。

在城市的矮树林里，飞来了蓝胸脯的知更鸟和五色斑斓的野鸫。

在湿地上出现了通体金黄的鹡鸰。

粉红胸脯的伯劳鸟，戴着蓬松柔毛领子的五彩流苏鹬，还有绿蓝两色间杂的佛法僧鸟，也都陆续飞来了。

秧鸡徒步走来了

竟有一种鸟是从非洲迈动双腿走来的，这就是秧鸡，羽翅一族中最为怪谲的一种。

秧鸡艰于飞翔，就是飞，也飞得不快。

它飞得这样慢慢吞吞，鹞（yào）鹰和游隼过来，很容易捉住它的。

秧鸡飞不行，可跑步却很行。它们会很快钻进草丛里躲起来，让鹰找不到它。所以，它宁肯在草地上和矮树间徒步走，走过整个欧洲。只有非飞不可的时候，它才张开翅膀飞一阵，而且专拣在茫茫夜色中飞。

现在，秧鸡到了我们这里，在茂密的草丛中成天"克莱克——克莱克！克莱克——克莱克！"地叫唤。

不过，人也只能听听叫声，如若想把它从草丛中撵出来，看看它长的都是什么模样，那你可想都不用想！不信，不妨试试！

➡️⟩⟩⟩❧ **乡村消息**

毛脚燕的窝（上）

五月二十八日。

我在邻居家小房子的屋檐下，就在我的房间的正对面，有一对毛脚燕忙着做窝。这让我很开心。这下我可以亲眼目睹燕子怎么样筑它们的小圆房子了。我可以看见它们做窝的全过程了，从开工到完工，我都能看个清楚了。它们什么时候孵蛋，怎么样喂小紫燕，我也都可以知道了。

我观察可爱的燕子，看它们都飞到什么地方去叼建筑材料。原来，它们飞去寻找材料的地方，就是村庄的小河边。它们飞到小河边，落在紧挨水边的河岸，用小嘴挖起一小点点河泥，随后马上衔着飞回它的建房处。它们在这里轮流换班，把泥一点一点粘在屋檐下的墙上，把一点泥粘上后，再又匆匆去衔第二点。

五月二十九日。

不好。这个新建筑工程不只是我一个看了高兴，光顾它们的还有隔壁家的一只叫费多赛齐的大公猫。它今天一大清早也爬上了房顶。这个灰毛流浪汉挺野蛮的，它跟别的猫打架时，右眼都被打没了，浑身的毛都撮成一片一片的，还挂下来。

它的双眼直勾勾地盯着飞来的燕子，而且已经向檐下偷窥了不止一次，看窝都做成什么样了。

燕子倒挺沉得住气的，它们没有惊叫。猫待在房顶不走，它们就停下工来，做窝的工作就暂时不进行了。莫非，它们是要离开这里，再也不回来了吗？

六月三日。

毛脚燕做好了窝的基础部分，形状像一把贴在房顶的镰刀。大公猫常爬上房顶吓唬它们，妨碍它们的筑窝进程。今天午后，燕子根本没有飞来。看来，它们是决意要放弃这个工程了，它们会在别处找到一个比这儿安全的地方。要是那样，我可就看不到它们筑窝了呀！

够闹心的！真够闹心的！

六月十九日。

这些日子，天气一直很热。房檐下那个用河边的黑泥粘成的窝基干了，颜色变灰了。

燕子一次也没有来。

天空乌云密布，下起了白花花的大雨。这雨真叫大，哗哗哗的，可厉害！窗外像是垂下一片用玻璃条条编成的帘子。

雨水在街上淌成一条条小河，急急地奔流。小河泛滥了，在哪一段街上都不能涉水走过了。水疯淌着，哗啦哗啦，小河带来了许多稀泥，你一踩，能没到你膝盖。

这雨一直下，一直下，到黄昏时才停。

一只毛脚燕飞到房檐下来了。它落到它镰刀形的窝上，紧贴墙，站在那里，过一阵，就飞走了。

我寻思："这燕子，该不是被公猫吓走的，只不过是它们这几天没有找到适合做窝的湿泥？也许它们终究还会回来的吧？"

六月二十日。

飞来了！

飞来了！

还不止一对呢，而是一群！它们在房顶上一圈又一圈地盘旋，一边看着房檐下，一边激动地叫着，好像在争论什么。

它们在商量什么呢？

过了十来分钟，一下子都飞走了，只留下一只。这只燕子用爪子抓住镰刀形的窝基，待着一动不动，它用嘴巴修理那个窝基，可能是把它那黏黏的涎水涂在窝基上。

我相信，这毛脚燕是母的，是这个窝的女当家。过了一会儿公燕飞来了，它嘴对嘴递给母燕一团泥。母燕子继续做窝。公燕子又飞去衔泥了。

大公猫又来了。它又爬上了房顶，可是燕子不怕它了，也不吭声，只顾自己干活，一直干到天黑。

这就意味着，我终将可以看见一个燕子窝了！但愿是，大公猫的爪子不要够到燕子的窝！不过，燕子自己也该知道把窝做在什么地方的吧！

　　　　　　　　　《森林报》通讯员　　韦里卡

斑鹟的窝

五月中旬，晚上八点钟光景，我发现我家花园里来了一对斑鹟夫妻。它们落在一棵白桦树的板棚屋顶上，白桦树上有我挂的一个我做的树洞形鸟窝，盖儿是活动的。过一会儿，公斑鹟飞走了，留下母斑鹟，它飞到鸟窝上，却没有钻进去。

过了两天，我又看见了公斑鹟。它钻进鸟窝里去了，可一下便钻出来，飞落在苹果树上。

飞来了一只朗鹟。

公斑鹟和朗鹟就捉对儿打起来。它们打架是为什么？这是不难想象的，朗鹟和斑鹟都是在树洞里做窝的鸟。朗鹟想抢夺斑鹟的窝，斑鹟说不让——斑鹟当然要坚守住自己的家园了。

斑鹟夫妻在树洞形鸟窝里住下来了。公斑鹟一会儿从鸟窝里钻出来，一会儿又钻进去，还不住声地唱歌。

一对燕雀落在白桦树的梢尖上。

斑鹟不理会它们。这道理也不难弄明白的，因为燕雀不是斑鹟的死对头，燕雀没有住树洞的习惯，它们自己会做窝，而且吃食也不一样。

又过了两天。

早晨，一只麻雀飞到斑鹟家里来了。公斑鹟毫不客气，奋身扑将过去，于是两只鸟在鸟窝里打起来了，打得很凶。

可忽然，窝里一点声响也没有了。

我跑到白桦树脚下，用一根棍子敲了敲树干。麻雀从窝里飞出来了。公斑鸫却没有露面。母斑鸫绕着窝飞，飞个不停，边飞边惶惶地叫。

我担心，这公斑鸫是不是叫麻雀啄死了。我就往窝里瞅。

公斑鸫没有死，只是羽毛乱乱的。窝里有两个蛋。

公斑鸫在窝里很久都没出来。它飞出来的时候，软不拉耷的，样子非常虚弱，刚落到地上，几只母鸡就来追它。我很为它的命运担忧，就把它逮回家来，给它喂苍蝇。晚上，我又把它送回窝里。

七天后，我又去瞅了瞅鸟窝。一股腐烂的气味扑鼻而来。我看见母斑鸫匍匐在蛋上孵着，公斑鸫则歪在靠墙的一边。它死了。

我不知道，是麻雀曾再度闯进窝里呢，还是第一次打架后，公斑鸫就死了。

母斑鸫一直待在窝里，甚至我把公斑鸫掏出来的时候，它也没飞出来——它终于把小鸟孵出来了。

沃洛嘉·贝科夫

小鸟的歌

森林管理员小儿子的枪法如今是进步多了。飞着的鸟他现在都能一枪击落了。

有一天，他在林间小路上走。积雪才开始融化。梅花雀刚刚一群群飞回来。梅花雀在光秃秃的树枝上跳来跳去，然后飞落到一块林间融雪地上。它们一冬没好好吃东西了，这会儿它们得赶紧找吃的，补充营养。它们活泼又好看。瞧它们，一只只多漂亮啊：脸颊是红彤彤的，胸腹是紫蓝紫蓝的，翅膀上都有两条洁白的细纹。

男孩知道，这些梅花雀应该都是公的，母的要过些日子才飞来。这会儿梅花雀是不会唱歌的。

"还不到它们唱歌的时候，"男孩想，"母梅花雀不到来，就不可能听到它们的歌声。"

突然，一片灰乎乎的东西向融雪地飘落下来。

就像一股强风刮过，呼啦啦，梅花雀都从融雪地上飞起来，像一片溅起的水花儿。转眼间，梅花雀们就都不见了——它们全躲进了密林里。

一只灰不溜秋的鸢鹰向融雪地俯冲下来。眼睁睁地，男孩就看着鸢鹰抓走了一只梅花雀。

待到男孩把挂在肩上的枪摘下，灰鹰已经飞到了融雪地边上。他端起枪，就已经只见灰鹰的一个背影了。不过他还来得及瞄准，并且打中了它。鸢鹰在空中只滞留了几秒钟。它的爪子松开了，一只梅花雀从它的爪子里挣脱了出来。

吧嗒，鸢鹰跌落在融雪地上。

被从鹰爪里救出来的梅花雀飞起来，停落在一棵大树上。它抖动了一下羽毛，晃了晃身子，然后回望了一眼男孩，忽然，竟唱了起来。

起先，它的歌声有点滞涩，也轻。随后，它越唱越响。接着，它忽然亮开了嗓门，音调也就欢快了。

男孩很爱听梅花雀唱曲儿。他想："它这是感激我吧，感谢我把它从鹰爪里救下一条命来。"

男孩摘下帽子，向梅花雀不停地挥动。

"没有什么！没有什么！你就自个儿飞走吧！"

梅花雀飞走了。这时男孩捡起死鸶鹰，一路小跑着回了家。

男孩向爸爸讲述了今天救了一只梅花雀的情景，接着又说梅花雀忽然亮开嗓门，扬声放歌，用它高亢的歌声表达对他的感恩之情。

"感恩，这是你的想象！梅花雀不是为了感激你才歌唱的。"

"那它干吗忽然唱起来了呢？"男孩问。

"不干吗。从鹰爪里飞走，它就唱起来了。为什么唱，怎么会忽然唱起来，为谁唱，这些只有它自己知道。你把它从鹰爪里解救出来这一点，它连想也没有想过。一开心，一高兴，它就唱开了。"

没娘的小鸟

包括森林管理员的小儿子在内的几个淘气男孩捅遍了山鸟窝，把山鸟下的蛋都打碎了。一只只没睁眼的小鸟从蛋壳里露出来，光裸裸的小肉团，看着怪可怜的。

总共有六个蛋，淘气包们打碎了五个，只有一个没破。

我拿定主意要搭救这个还藏在蛋壳里的小生命。

可我怎么做才能让小生灵得救呢？

哪个来孵这个蛋呢？

哪个来给小东西喂食呢？

我知道离这里不远有一个柳莺的窝。它一共下了四个蛋。

不过，柳莺能接受这个没娘的可怜蛋吗？山鸟的蛋整个都蓝莹莹的，它比柳莺蛋要大些，跟柳莺蛋模样很不一样。柳莺自己下的四个蛋是带玫瑰色的，上头布满了黑麻点儿。而且山鸟蛋已孵过许多日子了，很快就要出壳儿了。而柳莺蛋孵出来还得过二十天哩。

柳莺会抚养这没娘的小山鸟吗？

柳莺的窝做在白桦树上，不太高，我伸手就能够着。

我走到白桦树旁边那会儿，它刚好飞出窝去了。它在近旁一棵树的树枝上飞来飞去，苦苦哀叫着，好像是在那里求我别碰它的窝。

我把这蓝色的山鸟蛋放到柳莺的花蛋旁，然后走到一些小树后头去躲起来看。

柳莺好一会儿没有回来。不过后来它还是飞进了自己的窝，蹲到里头。看得出来，它对于这个陌生的蓝蛋感到奇怪，左看不像自己下的，右看也不像，总是疑疑惑惑的。那么，等小山鸟孵出来，那时柳莺会怎么对待呢？

第二天早上，我走近白桦树去看，看到一张小鸟嘴从窝的一边伸出来，窝的另一边拖出一条柳莺尾巴。

柳莺一直蹲着！

等它一飞出去，我马上就去看窝里的情况。里头只有四个玫瑰色的鸟蛋，还有一只还没长毛、还没睁眼的小山鸟。

我又躲起来。不一会儿，我就看到柳莺飞回来了。它把嘴里叼着的一条大青虫喂进小山鸟的嘴里。

这时，我才放心了——柳莺已经收养没娘的小山鸟了。

之后六天，我每天都到白桦树旁去看，每次都看到一条从窝里伸出来的柳莺尾巴。

柳莺又要忙着给小山鸟找吃的，又要孵自己的蛋，它的那股子忙碌劲儿，每次都叫我看着感动不已。

每回，我都是瞧一眼就走开，免得妨碍柳莺孵蛋和喂小鸟，这对它是顶顶要紧的大事啊。

到第七天，我再去看时，看不到小鸟嘴，也看不到大鸟尾巴。

我心里猛一咯噔："全完了！柳莺飞到别的地方去做窝了。小山鸟得饿死了。"

幸好不是这样。活鲜鲜的小山鸟还蹲在窝里，它睡了，所以小脑袋没从窝里伸出来，也不张着嘴。看得出，它的肚子饱着呢。

它这些日子长得可快了。它长出的羽毛差不多把红通通的鸟蛋都遮蔽得瞧不见了。

我于是猜想，这山鸟为了感激自己的新妈妈，用自己的小身子温暖着四个没孵出的柳莺蛋呢。

事情正是这样。

柳莺给小山鸟喂小虫子，小山鸟替它孵小柳莺。

我亲眼看见小山鸟一天天长大，直到它飞出窝。

正好，它飞出窝那天，四只小柳莺从壳里钻出来了。

小山鸟飞开了，大柳莺自己来抚养四只小柳莺，养得好极了。

⟶⟩⟩⟩ 城市新闻

试　飞

春末时节，走在公园里，走在大街或林阴道上，你得当心，不妨多往上头看看，有时会有小乌鸦、小椋鸟什么的往你头上掉，有时还会有小寒鸦、小麻雀从屋顶上掉下来，落到你头上。现在它们刚刚出窝，还在学飞呢。

蝙蝠的音响探测仪

夏天，傍晚时分，一只蝙蝠从打开着的窗户飞进来。

"把它赶走！把它赶出去！"女孩子们惊惶地用围巾包住自己的头，大叫起来。

一个老爷爷嘟哝说:"包头干吗!它扑的是窗户里的亮光,它不会往你头发里钻的!"

科学家们总不能理解,为什么蝙蝠在漆黑的夜里飞行,十分自如,从哪里来、回哪里去,一点错不了。

科学家们做了这样的试验:把它们的眼睛蒙起来,把它们的鼻子堵起来,然后放开任它们飞,它们照样能在空中躲开一切障碍,连拴在天花板上的细线都能避开,什么天罗地网都挡不住它们灵活的飞行。

一旦发明了音响探测仪,这个谜就揭开了。现在,科学家们探测的结果表明:所有的蝙蝠在飞行的时候都用嘴发出超声波——一种人耳听不见的、非常尖细的叫声。这叫声无论碰到什么障碍,都会反射到蝙蝠的耳朵里。蝙蝠的耳朵就会收听到"前面有墙!""有线!""有蚊子!"之类的信号。只有女人那种细而密的长头发,不能很好地反射超声波。

老爷爷当然没有什么可担心的,因为他没有头发,而女孩子们的浓密的秀发却的确会被蝙蝠误认为是"小窗子里的光亮",很可能会冲着她们当中的一个飞过来。

—→>>>✿ 林野专稿

把熊哄过来

在我们城市附近,狩猎的时节早已过去了。但在北方森林中，猎事正方兴未艾。热心于狩猎的人们，都不愿意错过这个机会，赶往北方去一显他们的身手。

熊在我们自己这一带胡作非为。一会儿听说把农家的一头小牛给咬死了，一会儿又听说把农家的一匹小马给咬死了。塞索依奇说得在理。他说：

"咱们不能眼睁睁看着熊到咱们村子来闹事，任它欺负到咱们头上来。应该想想法子了。格弗里奇的小牛不是死了吗？把它交给我，我拿它做诱饵，把熊引过来。如果熊到咱们的牲口群来转悠，那么它一定会被小牛引诱。到时候，我非收拾了它！"

塞索依奇是我们这里最能干的猎手。

农人把格弗里奇的死小牛交给了他。让他去把熊收拾了吧，今后也好省些心。

塞索依奇把死小牛装上大车，运到村外森林里去，放在一块空地上。他把小牛翻了个身，让它头朝东躺着。

塞索依奇对猎事，一举一动都十分在行。

他知道，头朝南或头朝西的尸体，熊是不会去动的：它会起疑心，怕有谁陷害它。

塞索依奇扯来些没剥皮的桦树枝，在死小牛四周做了一道矮矮的围栏。离这道围栏二十来米处，在两棵并排的树上搭了个棚子，离地两米来高。这是个用树干搭的观察台。猎人夜间就待在这台上，等候那大畜生。

这就是全部的准备工作。不过，塞索依奇并没有爬到那观察台上去，而是回家去过夜。

一个星期过去了，他还是在家里睡觉。早晨，他抽空到木栅栏那里去转悠着看了一番，卷了根烟卷，接着还是回家了。

我们的农人开始嘲笑他。小伙子们挤眉弄眼地对他说：

"哎，塞索依奇，怎么样啊？你睡在自家热炕上，梦做得美吧？你不乐意在树林里守望，是吧？"

不料，他回答说：

"贼不来，守望也是白搭呀！"

他们又对他说：

"小牛可已经发臭了！"

他说：

"那才是需要的呢！"

塞索依奇心里有数着哩。

塞索依奇知道该怎么做。他也知道，熊绕着牲口群打转儿，已经不是一天两天了。这是因为它知道眼前有个现成的死牲口，所以就不来扑活牲口了。

塞索依奇知道熊闻到了死牛的臭味。猎人的眼睛亮着呐，他在放小牛的地方看出了熊的爪印。熊还没有动过小牛，看来，它是肚子不饿，要等牲口尸体发出更强烈的臭味，它才来开饭，那样才更有滋味。这种乱毛刺刺的野兽，它们的饭菜口味就是这样的。

死小牛在树林里躺了一个多星期了。塞索依奇还是在家里过夜。

终于，他根据熊的脚印，断定畜生已经爬过了围栏，从牛尸上啃去了一大块肉。

就在这天晚上，塞索依奇带上他的枪，上了棚子。

夜里的树林静悄悄。

野兽睡了。

鸟也睡了。

但并不是所有的鸟兽都睡了。猫头鹰没有睡，它扑扇着毛茸茸的翅膀，悄无声息地飞过树梢，它在搜寻草丛里窸窣走动的野鼠。刺猬在树林里转悠着寻找青蛙。兔子在咔嚓咔嚓地啃白杨的树皮。一只獾在土里寻找它所熟悉的那些细小植物的根。这时，熊轻轻地向死小牛走来了。

塞索依奇困乏得睁不开眼。过往，他在深更半夜里总是睡得很香的。此刻，他也依旧睡得迷糊。

忽然，咔嚓，什么东西一声响。他不由得一激灵，打了个寒颤。

有什么声音响了一阵！

天上虽然没有明月，但北方的四月夜，没有月亮也很亮堂。塞索依奇清楚地看见，在白花花的白桦树围栏上，趴着一只黑毛野兽。熊在大口大口地咀嚼，在享用人款待它的佳肴美餐。

"哎，慢着，"塞索依奇心想，"我这里还有更好的东西款待你呢！——我要请你尝尝铅子儿！"

他端枪，瞄准熊的左肩胛骨。

轰一声枪响，霹雳似的，震醒了沉睡的森林。

兔子吓得从地里蹿起半米高。獾吓得呼噜呼噜直叫，慌慌忙忙向自己的洞里逃去。刺猬缩成一团，身上的刺根根竖了起来。野鼠吱溜一下钻进了洞。猫头鹰轻轻扑进了黑影里。

过了一会儿，森林里就又恢复了平静。于是夜里出动觅食的野兽又放开了胆，各自干起各自的事来。

塞索依奇爬下棚来，卷了一支马哈烟，惬意地抽了起来。他不慌不忙地走回家去。

天快亮了。他得去补睡一觉，就算是睡一会儿也好呀。

等农人们都起了床，塞索依奇对小伙子们说：

"哎，年轻的汉子们！套上大车，进林子里去，把熊肉拉回来！熊可再也吃不了咱们的牲口了！"

森林居民营巢筑窝成家忙
（夏季第一月）

六月夏

六月。

玫瑰花开放了。候鸟都已经回到自己的故乡。夏天来到大地上。白天拉得最长；在遥远的北极甚至没有了夜晚：太阳就不落了。在湿润的草地上，太阳的色彩现在是最富丽的时候——金凤花开了，泽地金花开了，毛茛（gèn）花开了，开得草地满眼金黄。

六月期间，人们和太阳同时醒来，趁阳光灿烂的黎明时分，外出采集药用植物的花、茎和根，晒干了收藏在家里，一旦突然发生什么病痛的时候，就可以把储存在它们身体内的黎明的太阳的生命力，移进自己的体内，让精神重新焕发起来。

一年中白昼最长的一天，是六月二十一日，过了这一天，太阳在天上的时间就要一点点变短了。

当然，白天缩短是很慢很慢的，就跟春天阳光的逐渐增加一样的慢。不过人们还是觉得白天很长。老百姓说得好："夏天亮晃晃的眼睛，透过篱笆缝缝老瞅着咱们呢……"

所有那些春天给我们唱歌的鸟，都有了自己的窝，所有的窝里，都有了蛋。它们的蛋，什么颜色都有。娇嫩的雏鸟，从薄薄的蛋壳里亮出它们柔弱的生命之光。

→→→→·◆· 各有各的家

鸟们的住宅

当鸟儿们不歌唱，不打架，不嬉戏的时候，它们都在做些什么呢？

它们这会儿忙的头等大事，是为即将出生的孩子营造一个稳当、安定的家。

鸟没有手，也没有斧头可使，要盖房子，哪怕简陋一点的屋子，也够难的。然而，鸟儿们却是造屋的行家能手，三下两下，三天两天，一个窝就做成了。

如今放眼望去，苍翠的万绿丛中上上下下都住满了森林居民，没有鸟窝的树已经很难找到了。地面上，地底下，水面上，水底下，树枝上，树干中，草丛里，半空中，都活跃着生命。

一流建筑师是那些曲儿唱得很棒的鸟。它们用草茎、麦秆、秫（shú）秸、树叶、苔藓、地衣做外墙，窝里用羽毛、畜类的毛丝、绒布布片敷铺，住起来又柔软又舒适又温暖。它们的规矩是这样的：母鸟飞出去找建房屋的材料，公鸟负责房屋的营建。

房子盖在半空中的，有黄鹂的住宅。黄鹂用苎（zhù）麻、草茎和毛发编成一只轻轻巧巧的小篮子，挂在直溜溜的白桦树上，当自己的居所。小篮子里安放着它的蛋。那住宅看了简直让人不敢相信，风摇动树枝，可它们的蛋就是不会滚出来，安然无恙。金莺的窝用桦树的树皮缠结而成，也是轻轻巧巧的，悬空高挂在树枝上。

曲儿唱得很动听的鸫鸟做窝，是用自己的唾液胶把干草、皮料粘起来做内层，所以它的巢坚固又舒爽。而黑头莺则用蛛丝缠绕草茎，风吹树摇，也散不了架。

小山雀很会做窝，它做的窝住起来非常舒适，它的窝用干枯的苔藓编成，像一只连指手套。梅花雀、金翅雀、黄雀喜欢在树根下做窝，它们的窝都很大。而同样是雀类的鸟，黑斑雀的巢只是个简陋的地窝子，进门从侧边钻入。

在草丛里建住宅的，有百灵鸟的，有林鹨（liù）的，有鹀鸟的，还有许多别的鸟的。最叫我们的通讯员喜欢的，是篱莺的窝棚。它用干草和枯苔藓搭成，上面有顶棚，可以遮风挡雨，一道进出的门开向侧边。

多数鸟做窝都是夫妻双双齐动手，只有母鸭是单个儿做窝，公鸭不来帮忙，还有母鸡造屋也不用公鸡搭帮。

燕子，无论是城里的燕子还是乡村的燕子筑窝，都是用软泥做成个碗钵形的窝。长脚火烈鸟的鸟窝用枯枝堆砌而成，再敷上一层淤泥和水草。

啄木鸟用它的硬嘴壳凿来树皮、木片在树洞里做它的卧室。把居室安在树洞里的，还有椋鸟和一些别的鸟。在河边居住的岸燕、红鸭、翠鸟都是在陡峭的河岸上挖个洞权作自己的居所。红鸟洞窝里再铺上些秕秸和羽毛；翠鸟，羽毛的颜色绿蓝绿蓝的，腰身上罗列着咖啡色斑纹，它造的窝一看就令人发笑——在河岸上挖上一个很深的洞，在自己的小洞屋里铺上一层细软细软的鱼刺——这样它就为自己做起了一条又柔软、又有弹性的床垫子。

喜鹊的窝用树枝做屋顶，底部铺一层软泥。乌鸦、白嘴鸦筑巢也都是用软泥，只是它们没有屋顶。林鸽用几根枝条随便一搭就算自己的住宅了，其实它那也不叫屋，就一地板，且地板也还是七孔八穴的，能让蛋不掉下去就算数。鹬鸟把蛋下在沙地的凹凼（dàng）里。短嘴的欧夜鹰在树底下的枯叶堆里挖个小凹坑，蹲下去就下蛋了——它们从不在建造它们的住宅上下功夫。

有许多鸟自己不做窝，把蛋下在啄木鸟抛弃的洞窝里，或下在开阔一点的崖岸上，或下在岸边一个什么隐蔽处。秃鹰和鹫鹰不做窝，要住，就把乌鸦或其他的鸟赶开，霸为己有。

也有这样一些鸟，它们就到处飞，飞到哪里，一停落，就算住下了。

不管什么鸟，做窝下蛋有一点是共同的，那就是居所不能在猛禽的视野中，以尽可能避免它们来袭的风险。

有些鸟爱连片筑窝，把窝建成一个集体宿舍，犹如今天的住宅小区。鸫鸟喜欢把自己的窝做在花园或灌木林里。海鸥喜欢把窝做在沙滩上，做在小岛上，做在结堆漂浮的芦苇上。鹈鹕（tí hú）也是这样。鹭鸶爱把窝做在树木的梢头。

猛禽的窝往往很远就能望见。可谁又敢靠近它们呢？要是谁斗胆冒犯，那么它就是自讨苦吃。只要看见鹰鹫飞起来，大家就立刻通身发怵，或者站起来准备防卫，或者一飞了之。

为了防备猛禽的袭击，甚至不同种类的鸟都会聚集在一起，共同御敌。

不过，麻雀常常把自己的窝做在老鹰窝的近旁。这是因为，老鹰根本看不上麻雀这样的小东西，它从来不抓麻雀吃。倒是，猫总爱爬到雀窝边去找食！这时，猫就得当心老鹰了——弄不好，雀儿它没逮到，倒是自己反被老鹰抓走了——猫一旦落到老鹰爪子下，肚皮被扒开，那是几下子的事。

谁造的住宅好

我们的通讯员想找到一处最好的住宅，以为这很容易。其实，真要确定哪一所住宅最好，远不像常人想象的那么简单。

雕的窝最大，是用粗树枝搭成的，巍巍然架在粗大的松树上。

黄脑袋的戴菊鸟窝最小，就娃娃拳头那么一小个。原来，它自己的身子比蜻蜓还小哩。

田鼠的穴宅建得最巧妙。有好几道门，前门，后门，太平门。你要从前门去捉它，它就从后门溜掉了，从后门去逮它呢，它从前门逃脱了。反正你休想在它的洞里捉住它。

有一种前头伸着长吻的小甲虫，卷叶象鼻虫，它的住宅最精致。它把白桦树的叶脉咬去，等叶子开始枯黄时，把叶子卷成筒状，用唾液粘好。母卷叶象鼻虫就躲在这圆筒形的小房子里，产卵生子。

系领带钩鼻鹬和夜游欧夜鹰，它们的住宅最简单。钩鼻鹬把它的四个蛋下在小河边的沙滩上。

反舌鸟的小房子最漂亮。它把小小的窝搭在白桦树的树枝上，叼些苔藓和薄桦树皮装饰起来。为了进一步点缀它的住宅，它还在别墅花园里捡来些人丢弃的彩纸片，编在窝上。

长尾山雀的小窝最舒适。这种山雀，还有个名字叫汤勺子，因为它的身子很像一个舀汤用的长柄小勺子。它的窝造得最讲究，里层用绒毛、羽毛和兽毛编缀而成，外层用苔藓粘牢。整个窝圆圆的，像个小南瓜。窝的正上方，开了个小顶门。

河榧子的幼虫，它的小房子最轻便。河榧子是有翅膀的昆虫。它们停下来就收拢翅膀，盖在自己的背脊上，恰好把自己的整个身子遮盖起来。河榧子的幼虫没有翅膀，全身光裸，一丝不挂，没有东西蔽体。它们住在小河或小溪的底面上。它们找来一根细枝或一片苇叶，长短同自己的背脊差不多，用来做窝的沙泥小圆筒，就粘在那上面，再倒爬进去。这实在是太方便了，要睡觉，就全身蜷在小圆筒里，谁也不会注意到它，它睡在里头挺安静，也很稳当；而如果要走动走动，挪挪地方，就伸出前脚，背上小房子，在河底上爬一阵子：瞧它的住宅多轻便！有一只河榧子的幼虫，它找到一根落在河底的香烟嘴儿，就当成自己的房子，钻进身去，就在里头带房子旅行。

银色水蜘蛛的房子最奇特。它住在水底，在水草间铺开一面网，做起一个倒杯形的窝，再用它毛茸茸的肚皮从水面上带来些气泡，在网里灌满空气，同时排出水。水蜘蛛就住在水底用空气做成的房子里。

还有谁会做窝

我们的通讯员找到了鱼做的窝。

棘鱼为自己营造了名副其实的窝。造窝的活儿由雄棘鱼来干。它捡那些分量重的水草草茎，咬断，衔到上面去，因为重，就不会漂浮。雄棘鱼用草茎编起墙和天花板，再用唾液把它们粘起来，加固好，然后用苔藓填塞草茎间的小窟窿，使之密不透水。它在窝的墙上开两扇门。

我们的通讯员还找到了野鼠的窝。野鼠个子小，它做的窝跟鸟窝一模一样，是用草叶和撕成细丝的草茎编成的。它的窝做在圆柏的树枝上，离地约两米。

用什么材料造房子

森林里动物建房子，用什么材料的都有。

歌唱家鸫鸟的圆窝窝，内壁像我们用水泥抹墙那样，用细碎的烂木屑涂墙。

家燕和金腰燕的窝是用淤泥做的，它们用自己的唾沫把泥窝粘得结结实实的。

黑头莺用细枝搭窝，用又轻又黏的蛛网，把那些细枝固定得牢牢的。

鸸（shī）这种小个子鸟，不爱飞，爱在笔直的树干上上上下下地跑。它住在洞口很大的树洞里。它怕松鼠闯进它家里，就用胶性泥土把洞口封起来，只留个够自己的小身子挤进去的小洞眼。

寄居在别人的房子里

不会造房子的，还有懒得自己造房子的，就去借住别家的房子。

杜鹃把蛋下在鹡鸰鸟、知更鸟、黑头莺和其他做了窝的鸟儿的窝里。钩嘴黑鹂，在树林里找到一个别的动物留下的旧窝，是个乌鸦窝，就到里边去孵蛋，直到钩嘴黑鹂的雏儿出来了。

鲍鱼非常喜欢闲置的虾洞。这种无主虾洞在水底的砂岸陡壁上，鲍鱼就把鱼子产在那些小洞里。

有一只麻雀把家安排得非常巧妙。它在房檐下造过一个窝，被淘气的男孩给毁了。后来，它又在树洞里造了个窝，不幸它的蛋又让伶鼬（yòu）贼给偷走了。这样麻雀就把窝安置在雕鸟的大巢里，雕鸟是大鸟，它的窝用粗树枝搭建而成。麻雀把它的小小住宅安置在这些粗树枝间，还显得很宽裕哩。现在，麻雀可以过安稳日子了，也不用怕谁了。这么小的鸟儿，个头魁硕的大雕根本不会去在意的。这下，伶鼬也好，猫也好，老鹰也好，甚至爱淘气的男孩子们，也不会再去毁坏麻雀窝了——它身边的大雕谁不害怕呀！

集体大宿舍

森林里也有集体宿舍的。

蜜蜂、马蜂、丸花蜂、蚂蚁的大公寓，能住下成百上千的房客。

白嘴鸦占据果木园、小树林，来做自己的移民区。在那里，许许多多窝麇（qún）聚在一起。鸥鸟占据了湿地、砂岛和浅滩，灰沙燕在河边的悬崖陡壁上凿了无数个小洞，把岸壁凿得像个大筛子。

窝里有什么

窝里有蛋。一种鸟的蛋不同于另一种鸟的蛋。

不同的鸟产不同的蛋，这不是没有缘故的，其中大有学问在呢。

钩嘴鹬的蛋，上头星星点点布满了斑点。

歪脖子鸟的蛋是白的，略带点粉红色。原来，歪脖子鸟的蛋下在幽深的树洞里，因为洞里黑，外面的谁往里看都看不见什么。

钩嘴鹬的蛋直接下在草墩上，完全暴露在外面。如果它们下的是白蛋，那谁都能一眼就看见，所以它们的蛋，颜色跟草墩一样。

野鸭的蛋也差不多是白的，可是它们的窝在草墩上，而且也是一无遮蔽的。因此，野鸭就不得不采取狡猾的补救办法：它们在离窝外出时，便啄下些自己的绒毛，将蛋盖住。这样一来，蛋就不会被别人看出来了。

为什么钩嘴鹬的蛋一头是尖的呢？为什么猛禽兀鹰的蛋是圆的？

这道理不难明白：钩嘴鹬是一种形体很小的鸟，身体只有兀鹰的五分之一大。钩嘴鹬的蛋却很大，它的蛋一头尖尖的，这样可以小头紧挨着小头，占用的地方就小许多。要不是这样一头大一头小，它怎么能用它小小的身体来孵它们大大的蛋呢？

　　但是，为什么小小的钩嘴鹬的蛋跟大兀鹰的蛋差不多大呢？要回答这个问题，得等小鸟出壳的时候。

———>>✦ **林中要闻**

狐狸怎样把獾骗出窝

　　狐狸家遭灾了！它那个地洞的天花板塌了！差点儿把它的狐崽压死。

　　狐狸一看，房子塌成这样，绝对住不成了，非搬家不可了。

　　狐狸到獾家去。獾的洞窝是自己挖的，非常好，谁都知道它是挖地道的行家：出入口有好几个，以防备敌人来对它突然袭击。

　　它的洞很宽敞，住下两家都不嫌挤。

　　狐狸求獾分给它一间住住，却被獾一口拒绝了，不给狐狸留下任何商量的余地。獾生来爱整洁，家里一切都有条有理、干干净净，哪儿脏一点它都会心神不安。怎能容忍得了拖儿带女的狐狸住进它家来呢！

　　獾把狐狸撵出了门。

　　"啊哈！"狐狸恨恨地想，"你这样不够朋友，那好，你就等着瞧！"

狐狸头也不回地走了，样子像是走进了树林，而其实它是拐了个弯，随后又择机绕回来，却躲到离獾家不远的矮树林后面，蹲在那里，等待下手的时机。

獾从洞里探出头来，左右窥探了一下，看狐狸走了，就爬出洞，到树林里去找蜗牛充饥了。

狐狸从矮树林背后钻出来，吱溜一晃眼，进了獾洞，在地上拉了一泡屎，把獾洞弄得脏兮兮的，臭烘烘的，然后快快跑开了。

獾回到家了。天哪！怎么臭得直刺鼻！哼！——它恼恨地打了个响鼻，快快地离开了，它另找地方，择机另挖新洞去了。

狐狸要的就是这结果：把獾赶走。

它转身去把小狐狸叼过来，在宽敞舒适的獾洞里住下了。

凶险的强盗在夜间出袭

森林里，夜夜都有强盗出来行凶作恶。森林居民于是个个提心吊胆，惶惶不可终日。

每天夜里，总有几只小兔子平白无故不见了。所以，小鹿呀，琴鸡呀，松鸡呀，榛鸡呀，兔子呀，松鼠呀，一入夜，就觉得不晓得黑夜的哪个瞬间，杀身之祸会降临到自己头上。所有的小动物，矮树林里的鸟儿，树梢的松鼠，或是地上的野鼠，都不知道凶恶的强盗会从哪里突然闯过来，给它们致命的袭击。这神出鬼没的杀手，从来是冷不防出袭，有时候从矮树林里出现，有时候从草丛里出现，有时是从树梢上出现。似乎这凶残的杀手还不止一个，而且很可能是好大的一帮。

几天前的一个夜晚，森林里小獐鹿一家在林中空地上吃草。公獐鹿站在距离矮树林八步远的地方放哨，母獐鹿带着两只小獐鹿在草地上吃草。突然，一个黑乎乎的东西从矮树林里蹿出来，只一纵身，就蹦上了公獐鹿的背。公獐鹿一下倒了下去，母獐鹿即刻带上小獐鹿，撒腿逃进了森林。

母獐鹿再回到林间空地去看时，公獐鹿只剩下两只犄角和四个蹄子了。

昨天夜里遭受袭击的是麋鹿。它在密不透风的树林里走呢，忽然看见在一棵树的树枝上，有个东西，像是长在上面的一个大木瘤，样子又丑又怪。

麋鹿在森林里算得上是魁伟的大汉，它还用怕谁呢？它生有一对所向无敌的犄角，连熊想攻击它，都没那个胆量。

麋鹿走到那棵树下，正要仰起头来对那个木瘤瞧个仔细，想弄清楚它究竟是个什么东西，却冷不丁有个可怕的东西，足有三十多公斤重，咚一下，沉沉地砸落到它的脖颈上。

麋鹿猛吃一惊，这沉重的家伙，在它丝毫没有防备的情况下，突然砸到它身上，它本能地甩了一下脑袋，把强盗从自己背上摔下去，随即拔腿就跑，连头也不敢回一回。这样，它也就没弄清楚这深夜里袭击它的，究竟是谁。

我们这森林里没有狼。就是有吧，狼也不会上树的。熊嘛，这半夜三更的，它该正躲在树林茂密的地方懒洋洋地打迷盹，再说，熊也不会从树上跳下来，跳到它麋鹿脖颈上的。你们说这个在夜间袭击森林动物的强盗，究竟会是谁呢？

到现在为止，还没有人知道。

译者注：《森林报》作者比安基创作过一部以一只大山猫——也叫猞猁（shē lì）为主人公的，题为《木尔索克》的中篇小说。所以这个"没有人知道"的凶险野兽是大山猫——一种活跃在密林里的猛兽猞猁。

勇敢的小鱼

我们已经描述过，公棘鱼在水底下做的窝，是什么样儿的。

公棘鱼把窝一做好，就给自己挑了个棘鱼妻子，带回家来。母棘鱼从这一边的门进去，哗啦啦产完鱼子，就一刻也不停留，从那边的门游出去了。

公棘鱼又去找另一条母棘鱼，接着又去找了第三条，第四条，这些母棘鱼也同第一条一样，抛下它们产的鱼子，都跑掉了。这些母棘鱼撇下的鱼子，都由公棘鱼来照管。

公棘鱼留下来，独自照看成堆成堆的鱼子。

河里有许多鱼，特爱吃新鲜鱼子。公棘鱼的个子小得可怜，却还不得不保护自己的窝，留神这些鱼子别被那些食籽成性的水中恶魔过来吞吃掉。

就在前一两天，惯吃鱼子的鲈鱼闯进了它的窝。这个守护自己的家的小个子主人，立即毫不犹豫地冲上去，勇敢地跟这个十恶不赦的恶魔展开搏斗。

棘鱼的身上有五根刺，背上三根，肚子上两根。此刻，它把五根刺都竖立起来，对准鲈鱼的腮频频刺去，一刺一个准。

原来鲈鱼满身都披着鱼鳞当铠甲，只有腮部没有遮拦。

鲈鱼被棘鱼刺得吓了一大跳，转身逃走了。

凶手是谁

今天深夜，森林里又发生了一桩谋杀案，住在树洞里的一只松鼠被杀害了。

我们到出事地点调查了一下，根据凶手在树干上和树底下留下的脚印看，我们看出了这个在夜间出袭的凶险杀手是谁了。不久前杀死獐鹿的是它，闹得整个森林惶惶不可终日的也是它。

看过脚爪印迹，我们才知道：凶手是我们北方森林里的豹子，也就是下手特别凶狠的林猫——大山猫，也叫猞猁。

大山猫幼仔已经长大。现在大山猫妈妈带着它们到森林里四处乱窜，这棵树那棵树爬上爬下。夜里，它们的眼睛跟白天一样明亮。谁要是在睡觉的时候没躲藏好，就会死在它们的利爪下。

摘自少年自然科学家日记

⟶⟶⟶❖ 乡村消息

毛脚燕的窝（下）

六月二十五日。

我每天都看着毛脚燕夫妇进进出出，看它们忙忙碌碌地做窝。它们的窝一天天往上升高，往外膨大。它们总是一大清早就开始忙乎，近午时分稍事休息，下午把上午筑的窝进行加固、修补，直到日落前一两个钟头才收工。它们不停地往湿窝上贴泥，是贴不住的，得让湿泥干一干，然后再接着往上贴才好。

偶尔，别的燕子也过来参访。要是公猫费多赛齐不住房顶上，小客人就在横梁上逗留一阵，和和气气地叽叽喳喳聊聊家常。新建窝巢的主人，也不会撵客人离开的。

现在，窝已经像下弦月的样子了，就是两个尖角偏右的船形月亮的样子。

我很明白毛脚燕为什么要把自己的新房建成这个样子，为什么左右两边不是同时均匀地往上提升。因为窝是公燕与母燕一同出力，下功夫建筑的，而它们俩出的气力却不尽相同，母燕衔泥飞回时，头总往左边扭，它干活很卖力，飞出去衔泥的次数也比公燕要多得多，所以左边粘上去的泥自然要多些，窝墙也就高些。公燕飞出去，就几个钟头耽搁在外头，它一定是跟别的燕子在云霄间追逐嬉戏。它衔回泥来，头总往窝的右边歪。它干活这样拖拖沓沓，自然右边的窝墙要低矮一截了。就这样，燕子窝的左右两边总不一般高。

公燕就这么懒！它也不晓得懒惰是可耻的啊！它的体格照理比母燕还强健些哩。

六月二十八日。

燕子已经不衔泥了，不筑窝了。它们开始往窝里叼干草，衔绒毛，着手铺床垫子了。我万万想不到，它们把全部建筑工程估计得这么精细、周密，现在我才恍然大悟，原来，本就该让窝的一边比另一边提高得快些的！母燕堆垒的左边已经到顶了，公燕的右边总还离楼顶有个距离。这样，这窝就成了一侧高一侧矮的圆泥球，自然而然在右边留了个进出口。

出入的门户本当留好的，窝本来就应当做成这个样子的嘛！要不然，这对紫燕夫妇可从哪儿进出自己的家呢？这不明摆着，我骂公燕懒惰是骂错了。

今天是母毛脚燕头一次留在家里过夜。

六月三十日。

建窝的工程完工了。母燕就一直待在窝里，不出门了——准是下第一个蛋了。公燕不仅给母燕衔来些小虫子什么的，还不住声地唱啊，唱啊，叽叽喳喳，叽叽喳喳，向自己的妻子说着祝贺的话，开心个没完。

一群燕子飞来了。它们是第一批前来贺喜的。它们一只一只鱼贯地从燕窝的侧旁飞过，往小窝里张望一眼，在窝前拍拍翅膀。这时女主人的小脸儿正探出窝外，说不定，它们是一个接一个把幸福的新妈妈亲吻过去的。它们热热闹闹地贺过喜，就飞开了。

公猫费多赛齐对燕子窝的小生命觊觎已久。它常爬到屋顶上去，从横梁上往屋檐下方窥望。它是不是在急不可耐地等待小燕子出世呢？

七月十三日。

毛脚燕妈妈已经在窝里一连坐了两个星期的月子了。它只在晌午时分，在一天中最暖和的时刻飞出来一小会儿。那时暖和的天气不会让娇嫩的蛋受凉的。它在屋顶上方打几个旋，顺便捉几只苍蝇吃，然后飞到池塘边，贴着水面飞掠，用嘴蘸点儿水喝，喝够了，就又急急忙忙回到窝里去。

可是今天，公燕也好，母燕也好，夫妇俩时进时出，比平时忙碌多了。我注意到，公燕衔出一块白色的蛋壳，母燕衔来一条小虫子。不用说，窝里已经有了小燕子了。

七月二十日。

坏了，坏事儿了！公猫费多赛齐爬上了房顶，几乎把整个身子从横梁上倒挂下来，想伸爪子往窝里掏小燕子！窝里的小燕子啾啾、啾啾，叫得好让人揪心哪。

就在这节骨眼儿上，忽然不知从哪儿飞来一大群燕子，大声吱吱叫着，急匆匆飞着，大伙儿冲上去，几乎要撞击到费多赛齐的脸上了。噢呵！一只燕子险些儿被猫抓住了！噢呵！……猫向另一只燕子扑去了……

好啊！这个灰毛强盗，这个费多赛齐，扑了个空，一滑脚，扑通一声，从横梁上摔了下来——叭茨！……

摔倒是没摔死，可也够呛了。它喵呜叫了一声，瘸着、颠着三只脚走了，看来，它这一跤摔得不轻。

活该！它今后是不敢再来掏燕窝了。

《森林报》通讯记者　韦里卡
沃洛嘉·贝科夫

天上的大象

天上飘来一大团乌云，黑压压的，像一头大象。它时不时地从天上往地面拖下它的长鼻来。这时，从地上扬起一柱尘土，这柱状的尘土旋转着，旋转着，越来越大，越来越高，结果和大象的鼻子连到了一起，成了一根上接天下接地的大柱子，并且照样一个劲儿旋转着。大象把大柱子抱住，不停地在天上向前走。

……天上的大象跑到一座小城的上空，悬在那里不动了。忽然，从它的怀里撒下了大雨点。这雨可真大，简直是瓢泼，是倾盆！屋顶上，人撑在头上的伞，都叮叮咚咚擂鼓般地响起来。

你猜猜，是什么把屋顶、把伞打得这样响？

是蝌蚪，是小蛤蟆和小鱼！它们在大街上的水洼里蹦蹦跳跳，瞎蹿乱跑。

过后，人们才弄明白，这块大象似的乌云，借着从地面旋到天上的龙卷风的巨大吸力，不知从哪座森林中的哪个小湖里吸了水，这一大柱的水，带了湖里的蝌蚪、蛤蟆和小鱼在天空跑了许多公里，又一放松，把自己带上天的全部东西，一股脑儿扔在小城市里，然后自己又继续往前跑。

这是什么动物呀

我们村子在松林里有一大块土豆地。那是一片带沙的土壤，比较松软，很适宜种土豆。土豆留些在土里，过一冬也坏不了，春天，那些留在土里的土豆又出苗了，又开始长土豆了。

松林里的这块地里，有好多深深浅浅的坑。

有一天，一个农人走进这块地里，没想到，一个坑里传出一个声音，像是坑里有一只什么畜生，四腿交叉着站在那里。

他走近坑边一瞧，发现坑底有一只野兽，那模样他从来没见过——个头跟狗差不多，只是比一般的狗都胖，通身布满了黑白两种颜色的斑块。

农人身边带着把斧子。他观察了好一阵，这才拿斧子背去拨动那畜生。

那野兽一下倒下了身子。

农人一把将它拽出了土坑，往自己肩膀上一甩，就扛着回家了。

他回到家，就把那畜生扔在了地板上，对自己的孩子们说：

"快来看，看我从森林里捡了个什么回来了。这样子可从来没见过，连叫什么名字也不知道。"

大儿子瞅了瞅爸爸扔在地板上的畜生——身子胖胖的，四脚短短的，长着一副猪脸，就说：

"这是野猪崽。"

二儿子过来瞅了瞅它的蹄子，这蹄子很长，坚硬有力，样子很凶，就说：

"这是一条狼崽。"

老三过来，掰开畜生的嘴唇，看了看它的牙齿，这么吓人的獠牙只有猛兽才有。就说：

"熊仔。"

"你们说的都不对。"农人这时开口了，"不是小野猪，也不是狼崽，也不是熊仔。这是一种咱们从来没见过的野兽。拿给管森林的人看看，他们见识得多，应该知道它是什么。"

他抓过帽子往自己头上一扣，门在它身后嘭的一声关上了。

不一会儿，森林管理员跟在他身后进了家门。三个儿子坐在火炉上，双腿缩得紧紧的。他们异口同声地对着从门口进来的森林管理员喊：

"叔叔，别进来！"

"叔叔，它是活的。"

"它牙齿很厉害呢，会咬死你的。"

农人站在门槛外边，那野兽忽然蹿到他的两腿间，一下台阶，就钻进了篱笆里面。

它一边跑一边哼哼叫着，消失在树丛里。

森林管理员站在农人身后，说：

"你吓着它了。在森林里，它是一种很活跃的动物。我们叫它獾，俗名叫猪獾。它是一种穴居动物，吃植物的茎秆，吃青蛙，也吃蜗牛一类的小动物。"

三个孩子在炉子上问：

"吃人不？"

"人它不会咬的。"

"可我们害怕！"

说着，他们一个接一个地从炉子上跳下来：

"啊，原来是这样。早知道这样，我们就给它吃我们的烤土豆。它一定很喜欢的！"

蛋说话

夏天的田野感觉真好！四周一片麦浪，沙沙的阵阵作响，悦耳，动听。

忽然，麦浪间传来叽叽、叽叽的尖叫声……

我走过去，拨开麦穗，眼前出现了一篮子蛋。

一篮子蛋是我说说的，其实并没有什么篮子，是麦地里有一个凹坑，凹坑里有一窝子蛋。这凹坑很像一只篮子，篮子形窝里排列着好些蛋，我数了数，有十二个呢。

这些蛋可真奇妙——蛋们在说话呢，在交谈呢。

当然交谈都是用的小鸟的语言——叽叽，叽叽……

"叽叽！"一个蛋说。

"叽叽——叽叽——叽叽！"另一个蛋应答。

我小心地拾起一个蛋来，搁在耳边听。

"叽叽！"蛋的声音中能听出惊慌来。蛋里的小鸟转动着小脑袋，很想就从里面破壳而出——随后，就没有声音了。

不用说，这些蛋里都已经有小鸟了！从窝的形状和筑法看，这些蛋是麦田沙鸡的，这种鸟长得很好看——亮灰亮灰的。沙鸡妈妈走开去了。显然，它不会走远，不过也有一种可能，它永远不会回来了：它走着走着，一只大老鹰从空中

哗一下扑下来，把它给抓到了空中，或是一下把它按倒在地上，挣脱不了了。

小鸟们慌乱起来，惊恐万状。它们叽叽、叽叽地尖叫着。它们预感到它们要失去妈妈了。

我赶紧把蛋轻轻放回窝里。我思忖着：我该怎样来帮帮这些小鸟？它们出来，多半也活不成了。四周的敌人有多少啊！

我想，我决不能叫大老鹰把它们给叼走！我拿定主意：回家去拿个篮子来，把这些蛋都拎回家去。这样，我就有十二只小鸟了，通身金黄金黄的，要多可爱有多可爱。我喂它们吃，教它们——让它们比别的鸟都聪明、能干。我会时刻牵挂它们的。

"叽叽！"一只小鸟在蛋壳里不安地叫了一声。

"叽叽——叽叽——叽叽——叽叽！"其他蛋都骚动起来。

这些鸟娃娃，没有了妈妈，真是怪可怜哪！我得赶快回家去拿个篮子来。

"你们别叫啊——叫得让我揪心！"我大声说，"我马上跑回家拿篮子来，把你们都带回家。"

我越走越快，接着就跑起来，我得赶快回家把篮子拿来。

我紧赶忙赶拿了篮子回到麦地，发现凹坑里的蛋没有了，就只剩下一些蛋壳了。

麦子地里传来哧嚓哧嚓的走动声。我抬眼望去，一下看见了一只美丽的沙鸡——胸腹那一片马蹄形巧克力色的羽毛，好看极了。沙鸡飞起来，又落在大路上，接着，双翅拖地，飞快地沿大路颠儿颠儿向前跑去。

"我认识你们了，认识了。"我对着沙鸡说，"你这巧克

力色的胸腹，我一下就能认出来的！"

这毫无疑问是一只沙鸡妈妈；它们常常会装作逃开，来将人引开它的窝，让人远离它的小鸟。

尼·斯拉德科夫

鹬竟这样聪明

走完森林，就走进了田野。走着，走着，觉得有点走不动了，我就坐下来歇口气。

忽然看见一只山鹬从我面前跑过，一只山鹬。看来是只山鹬妈妈，它后头跟着四只小鹬鹬，都只有顶针那么大小，而腿却长长的，走路都像是在踩高跷。

鹬们前方横着个水洼子。鹬妈妈翅膀一展，飞过去了。而小鹬鹬们的翅膀还没有长出来呢，该长翅膀的地方只蓬起两绺（liǔ）绒毛毛。鹬妈妈自己飞过水洼，并没有停下步来等待它的小鹬鹬们跟上来。小鹬鹬们一步不停地从水面像踩沙滩似的踩过去。它们迈步迈得轻巧极了——仿佛水抬着它们的小小身躯。我简直看呆了，不由得失声惊叹起来。

山鹬妈妈从水洼子那边的草地上看了我一眼，就跟它的孩子们低声说：

"皮——呜！……躺倒！"

三只小鹬鸰已经走过水洼子，听到妈妈的命令，就立即向沙地躺了下去，它们于是马上就从我的视野中消失了，它们黄生生的背脊和黄沙、灰石子一下就分不清了。而还有一只小鹬鸰没来得及过水洼子，就一下钻进了水中，只露出个小脑袋来，它一听到"皮——呜！……躺倒！"的口令，便立刻就地躺倒。

我蹚过水洼子去，然后就在这些听话的小鹬鸰身旁坐下。

"我倒要看看，"我思忖着，"它们下面还有什么把戏。"

这只躺在水洼里的小鸟就纹丝不动地躺在那里。水冰冷冰冷的，绒毛全湿了，细腿插在水底的砂石里，难受呢，可它就是晃都不晃一下。它一对小玻璃球似的眼珠子，也一眨不眨。妈妈叫它躺着，它就听话地躺着不动。

我坐着，坐着，坐得腿都发酸、发麻了。我轻轻拨弄了一下紧挨我旁边躺着的小鹬鸰，它还是没动一下。

蚊子飞来侵扰它们。有一只蚊子就叮在一只小鹬鸰的脑袋上，一根细长的管子插进了它的皮肤，然后开始猛吸，血就顺着管子往上流。小鹬鸰的小脑袋在蚊子面前显得很大，大得像个怪物。这蚊子眼看着膨大了，膨大了，直到整个肚皮都红彤彤的，装满了血。

小鹬鸰疼得眯起眼睛，但它还是忍受着，待在原地纹丝不动。

可我却不能再容忍了，我气死了。我躬下身，一扇掌，把可怜的小鹬鹬头上的蚊子给灭了，然后小心翼翼地用两个手指把不住哆嗦的小鹬鹬给夹到我的嘴唇边。

"你玩捉迷藏玩得好极了！"我一边用我的嘴唇轻轻摩挲小鹬鹬头上的柔毛，一边说，"现在，你赶快跑，跑去追赶你的妈妈吧。"

然而小鹬鹬连眼睛都不眨一下。我就又把它搁在干燥的沙地上。小鹬鹬还是一动不动。

"难道它已经死了？"我担心地想。我从坐着的石头上站起来。

我这站立的大动作，吓着了躲在河岸边观望的鹬妈妈。

"克鲁—克鲁！"鹬妈妈从远处传来叫声，"站起来！赶快跑！"

四只小鹬鹬眨眼间弹起身，直起长长的腿，奇克—奇克地叫着，向鹬妈妈箭也似的飞跑过去。

"哎呀呀——"我对自己说，"要是我小时候这样听妈妈的话，我早就大有出息了。我小时候那会儿多淘气，多让妈妈操心啊……"

我穿过林中大沼泽，回了家。

尼·斯拉德科夫

长脚的蛋蛋

"很高兴，谁也没有来把你给吃掉。但我得拿走你的一个儿子，让它陪伴我，让我走在森林里有个伴儿，不会感到寂寞。"

我弯下腰去，想把它拾起来。但是蛋儿却忽然跳起来，跑开了……！我没有想到会有这样的事，所以伸出去的手不由得颤动了一下。不过，我马上逮住了这个小东西，把它抓到手……但是我抓起的只是一个空蛋壳。

一只刚孵出来的小鸟，通身的绒毛还

湿漉漉的呢，一半蛋壳还粘着它的身子。鹧鸪妈妈还没有完全把它孵出来呢，它就急不可耐地背着半个蛋壳跑了起来。我剥掉粘在它身上的蛋壳，还来不及细细多看它几眼呢，它就从我的手掌上跳到了地上，哧溜，钻进了小麦丛中，不见了。

尼·斯拉德科夫

新生命焕发了森林的勃勃生机
（夏季第二月）

七月夏

七月是夏季的稍尖，大伙儿不知疲倦地把大森林重新调理、重新整顿、重新安排。七月语重心长地说服裸麦向大地低下头去，深深地对它鞠躬致谢。燕麦已经穿上了长褂，而荞麦连衬衣都还没穿上。

植物利用阳光把自己养得绿绿的，身高体壮。成熟的裸麦和小麦，把田野变成一望无际的金色海洋。我们把它们储藏起来，就一年四季都不愁吃的了。

我们为牲口储备饲料：一畈畈的青草已经割倒了，堆起了一个个草垛。

鸟儿不像前一个月那样，天天从早到晚叽叽喳喳了，它们现在顾不上唱歌了。所有的鸟窝里都有了鸟娃娃。鸟娃娃刚出世，通身光溜溜的，没有毛，眼睛是瞎的，很长一段时间需要父母的悉心照料。现在地上、水里、林中，还有天空，都有鸟爸爸和鸟妈妈叼来给鸟娃娃做营养品的食物。每个鸟窝里都不愁吃的！

森林里，到处都可以找到玲珑剔透的浆果，多汁的草莓啊，多汁的黑莓啊，多汁的大覆盆子啊，还有多汁的野樱桃。在北方森林里，则有金黄色桑悬钩子；在南方果园里，樱桃熟了，洋莓熟了，杨梅熟了。草场脱掉了金黄色的衣裳，换上了缀满野菊的花衫。它们雪白的花瓣反射着炽烈的太阳光。这个时候的太阳，是不能跟它开玩笑的，弄不好，就会把自己给灼伤的。

森林里的娃娃们

谁的孩子多

罗蒙诺索夫城郊的大森林里，有一只年轻的母麋鹿。今年，它生了一头小麋鹿。

白尾雕的窝，也做在这个森林里。它的窝里有两只小雕。

黄雀、燕雀、鸫鸟，它们各孵出了五只小鸟。

转颈鸟的窝里，有八只小鸟。

长尾山雀孵出的雏鸟是十二只。

灰山鹑孵出了二十只小山鹑。

在棘鱼的窝里，每一颗鱼子孵化出一条小棘鱼来。一个窝里有百来条小棘鱼呢。

一条鳊鱼产下的籽，所孵化出的小鳊鱼，有好几十万条。

鳘（mǐn）鱼的孩子多得数不过来，总共有几百万条吧。

鸟的劳动日

大清早，天才微微亮，鸟儿们就飞出去了。

椋鸟一天要干十七小时的活。家燕干十八小时。雨燕干十九小时。而朗鹞干活，一天超过二十小时。

我验证过，这些数字都是不错的。

它们不这样干不行啊。

一只雨燕，每天至少要回窝给幼雏送食物三十次到三十五次，这样才能喂饱孩子。椋鸟给小鸟送食物每天不少于两百次，家燕至少三百次，朗鹞要四百五十多次！

一个夏天，它们消灭的危害森林的昆虫和幼虫，谁能数得清！

它们努力干活——它们的翅膀没有得闲的时候！

本报通讯员　尼·斯拉德科夫

悉心照料孩子的妈妈们

森林里，不辞辛苦照料自己孩子的，不只是以上这几种鸟儿。

麋鹿妈妈对它孩子的照顾也称得上是尽心竭力、细致周到呢。

麋鹿妈妈随时准备为它的独生子付出生命的代价。就是大黑熊来进攻小麋鹿，麋鹿妈妈也会前腿后脚一齐动员，对来犯者踢踏不饶。吃过麋鹿蹄子的米夏（熊的戏称）大爷，会一辈子记住那辣头的——它可是再也不敢走到小麋鹿跟前来了。

我们《森林报》的通讯员，碰到一只在田野里跑动的小山鹑。这只小山鹑就在他们脚跟后蹦出来，猛一蹿，逃进了临近的一个草丛里，就躲在那里不出来。

通讯员过去把它逮住了。小山鹑啾啾啾拼命叫唤。山鹑妈妈不知忽然从什么地方奔出来。它看见自己的孩子被人家捉在手里，就咕咕叫着扑了过来，接着又自己摔倒在地上，耷拉着翅膀。

通讯员以为它受伤了，就放开小山鹑去追它，追山鹑妈妈。

山鹑妈妈在地上一瘸一拐地走着，眼看一伸手就可以逮住它了。可是，当通讯员真伸手去逮时，它又离开闪向一旁，通讯员追它。突然，山鹑妈妈扑棱扑棱翅膀，从地上飞起，竟然嘟一声飞走了，像是刚才什么事儿也没发生过。

我们的通讯员这才赶快掉转头来找小山鹑——哪里还有

小山鹬的影子啊！原来，山鹬妈妈是故意装出一副受伤的样子——一瘸一拐地走路，把通讯员从它儿子的身边引开，这样儿子就会得救了。它对自己的孩子一个个都卫护得那么好，怎能不叫人感叹啊！它的孩子说多也不多，就那么二十来个！

海鸥的大殖民地

许多小海鸥在岛屿的沙滩上避暑。

它们夜里就睡在小沙坑里，一个凹坑里睡三只。沙滩有的是这种大大小小的沙坑，于是这里成了海鸥们的大殖民地。

白天，小海鸥在大海鸥的指导下，练习飞行、游水和捕捉鱼虾。

老海鸥教孩子学本领的同时，也保护它们，时时处处警惕敌人的袭扰。

敌人一逼近，它们就成群飞起来，一边大叫大嚷，一边向敌人飞扑过去。所以，谁都怕海鸥，不敢轻率对它们下手。

连海上个头魁硕的白尾鹰看见海鸥，都会落荒而逃的。

雌雄颠倒

我们接到从各地寄来的信，信上说他们看见一种奇特的小个子鸟。看来，这种鸟分布很广。就在这个七月，莫斯科附近，阿尔泰山上，卡玛河畔，在亚库梯，在卡查赫斯坦，都有人见过这种鸟。

这种小个子鸟，很像是城里卖给年轻钓鱼爱好者们的那种鲜艳夺目的浮标，色彩鲜丽，看着就逗人喜欢。它们对人十分信任，你走近它们，哪怕近到只有五步远，它们也照样在你面前的岸边游来游去，压根儿就不怕你去捉它。

如今，别的鸟都蹲在窝里抱孵或哺育小鸟了，可就这种鸟聚成一群群的，到处飞，四方漫游。

更让人觉得不可思议的是，这些毛色鲜艳的小个子鸟，竟全是雌鸟。别的鸟是雄鸟比雌鸟漂亮，而这种鸟却相反，倒是雄鸟是一色灰秋秋的，雌鸟则五彩缤纷，绚烂夺目。

更奇的是这种雌鸟根本不管孩子。在遥远的北方苔原上，雌鸟把蛋下在沙坑里，就自己飞走了，把孵蛋的事扔给了雄鸟！倒是雄鸟就留在原地孵蛋育雏，管小鸟吃，管小鸟喝，保护它们平安长大。

一切都这样雌雄颠倒！

这种小个子鸟，叫鳍（qí）鹬，是鹬鸟的一种。

这种鹬鸟一会儿出现在这里，一会儿出现在那里，哪里都能看到。

➤➤➤❀ 林中要闻

可怕的小鸟

个儿纤巧、性情温和的母鹪鹩鸟，在自己的窝里孵出了六只光身子小鸟。五只挺像爹妈的，是爹妈模样的孩子，而第六只是个丑八怪：皮这么粗糙，一根根青筋这么暴凸，脑袋大得这么出奇，两只眼睛这么鼓鼓的，眼皮这么耷拉着，这嘴一张开，哦呦呦，能吓得你直往后倒退，这喉咙简直没有底，整个儿不折不扣是一个深渊。

　　头一天，它老老实实躺在窝里，一直静静躺着。只在鹬鸰爸爸妈妈叼了食物回来时，它才费老大劲儿抬起它那个沉沉的大脑袋，有气无力地嘻嘻叫着，张开大嘴，似乎在说：你们喂吧！

　　第二天清晨，趁阴凉，鹬鸰爸爸妈妈早早出去为孩子找食了。这时候，它摇摇晃晃动起来了。它低下头去，把脑袋抵住窝底，叉开两腿，开始往后退。

　　它的屁股拱到了一个小兄弟，它就把屁股往小兄弟身底下塞。它把折叠的光翅膀往后甩，用它钳子似的翅膀夹住小兄弟。就这样，把小兄弟抬到背上，扛着它往后退，直退到窝边边上。小兄弟个儿小，身子柔弱，眼又瞎着，在它的背凹凹里，像舀在汤匙子里那般摇晃着。丑八怪用脑袋和两脚撑住窝底，把背上的小兄弟使劲儿往上抬，越抬越高，越抬越高，当抬得跟窝边一样高的时候，丑八怪突然拿屁股向上一颠，小兄弟就被掀到窝外去了。

　　鹬鸰的窝是做在河边陡岸上的。

　　小鹬鸰那么小，那么嫩，光溜溜的，这高高地摔下去，摔在石头上，自然就成一摊子肉酱了。

　　凶恶的丑八怪自己也差点儿掉到窝外去，它的身子在窝边边儿上颤颤巍巍，摇摇晃晃，好在它的脑袋大，分量重，才重又把它坠回了窝里，算是没掉下来。

这推小兄弟出窝的勾当，它干起来，从始到终，也就仅仅花了两三分钟的时间。

丑八怪力气使尽了，倦了，于是它在窝里躺了约十五分钟。

鹡鸰爸爸和鹡鸰妈妈飞回来了。丑八怪伸长它青筋暴凸的脖子，抬起它沉重的瞎眼脑袋，像什么事也没发生过似的张开大嘴，叽叽尖叫着，似乎在说：你们喂我吧！

丑八怪吃过了，休息好了，它又开始挪到第二个小兄弟身边。

不过这个小兄弟不像前一个那么好对付了：这只小鹡鸰，它挣扎着，几次从丑八怪背上滚下来，但丑八怪不泄气。

过了五天，等丑八怪睁开眼睛的时候，它看了又看，就它一个躺在窝里了，它的五个小兄弟都被它扔到窝外去，全摔死了。

在它出世的第十二天，它身上终于满身都长上了羽毛。这时，丑八怪的真面目才被看清楚，鹡鸰两口子这么辛辛苦苦养大的，原来是一只杜鹃扔在它们窝里的孩子——你说这鹡鸰两口子有多倒霉、多冤啊！

但是小杜鹃吱吱唧唧叫得那个可怜，听起来就像是它们自己死了的孩子，勾起它们的怜爱之情，它抖动着稚嫩的翅膀，哀求鹬鸰两口子给它吃的。那个儿纤巧、性情温和的鹬鸰俩能拒绝它，能看着它饿死不管吗？

鹬鸰两口子自己饥一顿饱一顿的，整日里忙天忙地，从日出到日落，苦撑苦熬，为的也就是给养子叼来肥美的青虫。它们叼了虫子回来喂它，整个儿脑袋都伸进它血红血红的无底深渊，把食物塞到它贪馋的喉咙里去。

鹬鸰就这样一直忙，忙到秋天才把杜鹃喂大了。它长大了，就飞走了，一去不回头了，一辈子也没再跟养父母见过面。

小熊洗澡

一个猎人在林间小河的堤岸走着，突然听得树枝咔嚓一声响。猎人一惊，他想准是有什么猛兽在不远的地方，于是他三下两下爬上了树，在树上向四面细细观望。

从密林里走出一头大黑熊，是熊妈妈，后面跟着两头小熊。它们在河岸上走着，小熊可开心啦！

熊妈妈停下，用牙齿叼起一只小熊的脖子，直往河里扔。小熊尖叫着，四脚乱蹬，但是熊妈妈没有马上将小家伙叼上岸来，直到小熊洗得干干净净，熊妈妈才让小熊爬上岸来。

另一只小熊怕洗冷水澡，就往林子里撒腿溜了。

熊妈妈追上小家伙，啪！打了它一巴掌，接着像叼前一只一样，叼来扔进了水中。

两只小熊洗过澡，爬上岸来。这样闷热的天气，它们还披着厚厚的绒毛，凉水使它们爽快透了。母熊带着小熊洗完澡，又躲进了森林，这时猎人才从树上爬下来，回家去了。

老猫奶大的兔子

春天，我们家的老猫下了几只小猫，但是我们都把小猫送人了。恰好这时我们从林子里捉到一只小兔子。

我们把小兔子放在猫妈妈身边。猫妈妈奶水正多着，胀得它难受，所以它非常乐意喂小兔子，让小兔子吃个饱。

兔子就这样在老猫奶水喂养中日大月长。它们相处得非常亲昵，连睡觉也紧紧依偎在一起。

最好笑的是，猫教会了自己的养子跟狗们打架。狗一跑进我们家院子，猫立马扑上去，拼命地乱抓。小兔子也跟在后面追过去，挥动它的两只前腿，咚咚咚，擂鼓似的往狗身上捶打，打得狗毛一撮撮往下飞落。四邻八舍的狗于是就都害怕我们家的猫和猫的养子——就是我们的这只兔子。

转颈鸟的把戏

我们家老猫看见树上有一个洞，就以为一定是什么鸟的鸟窝。它很想吃那洞里的小鸟，就爬上树去，把脑袋伸进洞里去瞅。它看见洞底有几条小蝰（kuí）蛇在蠕动着，蟠（pán）卷着，还发出咝咝的声响。猫一吓，就掉转头，从树上蹦了下来，撒腿没命地逃走！

其实洞里压根儿就不是蝰蛇，是转颈鸟的雏鸟。它们为了迷惑敌人，防止敌人来袭，就把小脑袋不停地旋转，把脖子不停地扭动，从上面往下看，它们的脖颈就像是几条不住转动的蝰蛇。这是转颈鸟御敌的把戏。同时，它们还发出蝰蛇那样的咝咝声。毒性剧烈的蝰蛇是谁都怕的呀，所以小转颈鸟就装蝰蛇，吓唬企图侵扰它们的敌人，让敌人不敢挨近。

水底打架

生活在水底下的孩子，跟生活在陆地上的孩子一样，喜欢打架。

两只青蛙跳进水塘里，发现里面有怪模怪样的蝾螈，身子长长的，脑袋大大的，四条腿短短的。

"多可笑的一个怪物啊！"小青蛙想，"应该跟它来上一架！"

说打就打，一只小青蛙咬住大脑袋蝾螈的尾巴，一只小青蛙咬住它的右前腿。

两只小青蛙使劲一拽，蝾螈的尾巴和右前腿就给小青蛙扯断了。而蝾螈却逃走了。

过了几天，小青蛙又在水底遇到这只小蝾螈。现在，它可成了名副其实的怪物了。你看，原来该长尾巴的地方，长出来一只脚，在拉断了右前腿的地方，长出来一条尾巴。

蜥蜴也是这样的，尾巴断了，能重新长出一根来，腿断了，能重新长出条腿来。而蝾螈在这方面的本事比蜥蜴还大。不过，有时会长乱掉，颠颠倒倒的，在断了肢体的地方，会意想不到地长出同原来肢体不相配的东西，譬如像这只蝾螈，现在长尾巴的地方，原来是长右前腿的。

➤➤➤➤ 远方来信

鸟 岛

我们的轮船在喀拉海东部海域航行。四周是无边无际的汪洋。

忽然，在桅顶监视的海员大声叫起来：

"正前方，有一座倒立的山！"

"该不是他的幻觉吧？"我寻思着，爬上了桅杆。

真的，都看得清清楚楚，我们的船正向着一个危岩嶙峋的石岛驶去，这个石岛上大下小，倒立着，仿佛是高悬在空中似的。

巨大的岩石那么悬空倒挂着，看不到站脚的支撑。

"哎，伙计，"我自语道，"不会是你的脑子迷糊了吧！"

但这时，我想起"是折光造成的幻觉！"，就不由得笑了起来。这可是一种值得好好看看的自然现象啊。

在这北冰洋上，折光，或者叫海市蜃楼，是常见的自然现象。往往出其不意，你会忽然看见远处横着一条长长的海岸，或一条船，就那样神奇地倒挂在空中。这是它们在空中颠倒的映像，就跟照相机里的测景器里看到的映像一样。

我们的船行驶了几个小时，终于到达那个远方的石岛。石岛当然并没有倒挂在半空中，而是从水中崛起，层层叠叠的岩石沉沉稳稳地矗立在那里。

船长测定了方位，低头看了看地图，说这是"比安基岛"，位置在诺尔丁歇尔特群岛的海湾入口处。这个岛被命名为"比安基岛"，是为了纪念俄罗斯科学家维·比安基，也就是这部《森林报》所纪念的那位科学家。所以我想，你们会很想知道这个岛是什么样子的，岛上都有些什么。

这个岛是由许多嶙峋的岩石堆叠而成的，有巨大的圆石，也有扁平的方石。岩石上没有灌木杂树，也没有青草，只有一些浅黄色和白色的小花，在阳光下发亮。还有，在背风朝南的岩石上，轻巧地铺着地衣和苔藓。这里有一种青苔，很像我们那儿的平茸（róng）菌，肥软肥软的，紧绷绷的。在其他地方，我从来没见过这种青苔。倾斜的海岸上有一大堆木头，圆木、树干、木板，各种木头都有。这是从海上漂来的，也许是漂了几千公里才漂到这儿！这些木头都干透了，屈起手指扣它们一下，会发出脆亮的笃笃声。

现在是七月底，但是这里的夏天才开头哩。这儿的夏天来得如此晚，却也不妨碍那些大冰块、小冰山静静地从岛旁漂过。它们在阳光下晶晶发亮，直刺得人连眼睛都睁不开。

这里的雾浓得发稠，低低地笼罩在岛上和海面上。从我们不远处经过的船只，望去只见其桅杆，却不见船身，不过，这个岛边也难得有一只船经过。岛上因荒无人烟，所以连野兽见人也不知道害怕。无论谁，只要身边有盐，就可以往它们的尾巴上撒上一点，把它们捉住。

比安基岛是个不折不扣的鸟天堂。岩石上叽叽喳喳、咿咿呀呀，什么鸟叫声都有，一片震耳的喧闹，整个岛就是个大鸟窝，无数的鸟相互拥挤着生活在一起。在这里做窝的有成千上万只野鸭、大雁、天鹅、潜鸟，以及各种各样的鹬鸟。比这些鸟住得高一些的有海鸥、北极鸥和管鼻鹱（hù），它们的窝做在光秃秃的岩石上。这里什么样的海鸟都有，有身白翅黑的鸥，有小巧伶俐的粉红色、尾巴像剪刀那样分叉的鸥，有身体魁硕、生性凶暴的北极鸥——这种鸥吃鸟蛋、吃小鸟，也吃小兽。这儿还有浑身雪白的北极大猫头鹰。美丽的白翅膀、白胸脯的雪鹀，像云雀一样飞到高空唧铃铃歌唱。北极百灵在岛上边跑边唱，它们的颈上有一圈黑羽毛，像几绺黑漆漆的胡子，头上矗起两撮犄角样的黑冠毛。

这儿的野兽……

我带了早点上海岬（jiǎ）。上了海岬，我就坐在岸上。我坐着，身旁许多旅鼠蹿来蹿去。这旅鼠是个儿很小的啮齿动物，毛茸茸的，通身有三样颜色：灰色、黑色和黄色。

这儿岛上有很多北极狐。我在乱石堆里看见过一只，它正偷偷向一窝还不会飞的小海鸥走去。忽然，大海鸥们发现了它，立刻向它发起攻击，叫着嚷着猛扑过去，吓得这个小偷夹起尾巴没命地逃窜。

这里的鸟善于保卫自己，它们不让自己的孩子受欺负。这样可就弄得野兽都只好饿肚过日子了。

我往海面瞭望。海面上有许多鸟游弋着。

我打了一声唿哨。这时，突然从岸边水底下钻出几个油亮亮的圆脑袋，一双双乌溜溜的眼睛，好奇地直愣愣地盯着我看，它们大概是在想：哪儿来的这么个怪东西，干吗吹口哨呀？

这油亮脑袋的是海豹，一种个儿不大的海豹。

在离岛岸远些的地方，又出现了一只块头很大的海豹。更远处，有一些长着胡子的海象，它们的个儿更大了。接着，让人料想不到的事发生了：所有的海豹、海象都一下钻进了水里，鸟大声鸣叫着，飞上了天空——噢，原来是有一只白熊从岛旁水面游过，它只露出个脑袋。白熊是北极地区最凶猛、力气也最大的野兽。

我感觉肚子饿时，才想起拿出早点来吃。我记得清清楚楚，我是把早点放在自己身后的一块石头上的，然而，现在却找不到它了。石头底下也没有。

我一下跳起来。

从石头底下蹿出一只北极狐。

小偷，小偷！是这个小偷悄悄走过来，偷走了我的早点！它嘴里还叼着我用来包夹肉面包的纸呢！

瞧，都因为这岛上的鸟，我的早餐不幸葬送在一头不规矩的畜生嘴里了！

远航领航员　马尔丁诺夫

➤➤➤❖ 林野专稿

音乐家

老猎人一个人坐在墙根的土台上，叽叽嘎嘎地拉着小提琴。

他很喜欢音乐，想学会拉小提琴。他学得很用心，效果却不理想。不过老猎人不在乎，他觉得只要自己满意就好。

一位他熟悉的农人从旁经过，对老人说：

"你别拉了，杀猪似的，难听，你还是拿起你的猎枪，你拉琴肯定不如打猎有出息。我刚才看见树林里又钻出一头老熊。"

老猎人一听说有熊出没，就立即把琴放一边，向农人细细打听，问他是在哪儿看见熊的。问完了，他拿起猎枪向树林走去。

老猎人在森林里找了好久，连熊的脚印也没能找到一个。

老猎人找累了，就近在一个树墩上坐下歇气。

树林里静悄悄的，没有听见树枝发出的咔嚓声，也没有听到有鸟儿的啼叫声。

突然，老猎人听到"津……"的一声。这声音美妙动听，仿佛是弦乐器奏出来的。

过了一会儿，又听到什么"津……"地叫了一声。

老猎人感到很奇怪：

"到底是谁在树林里玩乐器？"

树林深处，又传来"津……"的声音，响声清脆而柔和。

老猎人从树墩上站起来，小心翼翼地循声走去。响声是树林那边传过来的。

老猎人悄悄走到一棵枞树后面，探身一看，只见树林边上有一棵被雷劈断的大树，树上翘起一些长长的木片。树脚根坐着一头熊，它用前爪抓住木片，拽着朝自己身边扳过来，接着又猛地松开爪子。木片弹回去，就颤动起来，空气中随即传来"津……"的声音，好像是弦乐器演奏出来的声音一样。

黑熊低头聆听着，似乎是在欣赏这音乐。

老猎人也侧耳倾听：木片发出的声音多么好听啊！

颤音停止了，黑熊又把木片扳过来，随即又撒爪。

晚上，那位熟悉的农人从猎人的小木屋旁经过。老猎人还是拿着小提琴，坐在那墙根土台上。他用手指拨弄一根琴弦，琴弦轻轻地发出"津—津！"的声音。农人问老猎人：

"怎么啦，你把熊收拾了？"

"没有哇。"老猎人回答说。

"怎么，要和熊交朋友啊？"

"它既然是个跟我一样的音乐家，我怎么能开枪打它呢？"

于是，猎人动情地向那人一五一十说了老熊扳木片奏乐的情景。

森林新一代勤学苦练获得生存本领
（夏季第三月）

八月夏

八月，是多闪电的月份。夜间，一道道闪电无声地横过天际，照亮了森林。

在这夏季的最后一个月里，草地最后一次换了自己的衣装：现在，它一片五彩斑斓，花的颜色大多是深颜色的，更多的是天蓝色和紫红色。太阳光的威力在一天天减弱，草地需要倍加珍惜行将告别的阳光，要抓紧收集它，储藏它。

大个头果实正在成熟。晚熟的浆果，譬如树莓、越橘什么的，眼看就要成熟了，沼泽地上的蔓越橘、树上的山梨等等，也都快熟透了。

一些不喜欢毒热太阳光的蘑菇，这时长出来了。它们像为了躲避太阳，都悄悄藏在树阴里。

树木不再往高处长，也不再往粗里长了。

森林里的规矩变了样

森林里的雏鸟和幼兽都已经长大了，纷纷离窝，自己觅食、自寻出路去了。

春季里，鸟儿进出都是双双对对的，都守在一个固定的地盘。现在则都是带上自己的孩子，满森林飞着寻找食物。

森林居民你来我往，大家都欢迎别人到自己家里来做客。

就是那些猛禽猛兽，也都不死守在原来自己找食的地盘了。过去的那套规矩用不着了：因为野味到处都是，走哪儿吃哪儿，要吃多少就吃多少。

貂、黄鼠狼和白鼬窜来窜去，反正窜到哪儿都不费多大劲就能找到吃的东西。这不是吗，傻乎乎的雏鸟啊，没有生存经验的小兔子啊，粗心大意的小耗子啊，满森林都有。

麻雀麇集成一群群一队队的，在矮树林间到处游荡。

鸟群里，有鸟群里约定俗成的规矩。

规矩是这样的：

我为大家，大家为我

谁首先发现敌人，就得拉开嗓门尖叫一声，或者响响地吹一声口哨，以便及时警告同类，让大家赶快散开、飞逃。要是有一只鸟遭遇袭击，就大伙一齐奋勇相救，冲着敌人大吵大叫，让敌人心惊胆战，晕头转向，放弃袭击。

成百双眼睛、成百双耳朵，在警觉地防御敌人的来袭，成百张尖利的喙，随时准备击退敌人的进攻。那么，加入鸟群的鸟，自然是多多益善。

在鸟群里，雏鸟得遵守这样一个规矩：时时处处用心向老鸟学本事，模仿老鸟的行为举止。老鸟们不慌不忙地啄食麦粒，小鸟也得跟着从从容容地啄。老鸟们抬起头来一动不动，那么小小鸟也得傻傻地呆住。老鸟们逃跑，小鸟们也跟在后头紧紧相随。

古尔—勒！古尔—勒！

"听号令：停，到地儿了！"

鹤们一只跟着一只落到地上。这里是田野间的一块空地，小鹤们在这里学跳舞，做体操，于是，大家蹦啊跳啊，旋着身子转圈，按节拍灵巧地做舞蹈动作。还得进行一项高难度的练习：用尖嘴把一块小石子抛起来，再仰嘴，啪，一下把它给接住。

它们就这样学呀练呀，以便将来进行长途飞行……

教练场

而鹤和琴鸟，则有一块正儿八经的教练场，让自己的孩子们在这里学本事。

琴鸟的教练场在树林里。小琴鸟都到这里来观摩琴鸟爸爸的动作。

琴鸟爸爸咕噜咕噜叫，小琴鸟也咕噜咕噜发声。琴鸟爸爸换了一种叫法：秋弗—菲！秋弗—菲！这时小琴鸟也随着老琴鸟尖声尖气地叫：秋弗—菲！秋弗—菲！不过，琴鸟爸爸叫的意思已经跟春天不一样了。春天它叫的意思是："我要卖掉皮袄，买件披肩！"而现如今叫的意思是"我要卖掉披肩，买件皮袄！"

小鹤们排成一溜儿，飞到教练场上来，它们学习在飞行时怎样排成整齐的队伍。这是必须学会的，鹤们只有这样，才能在长途飞行时减少体力的消耗。

在飞行队伍中，飞在头里的，一定是身体最强健的老鹤。它给全队打先锋，就得冲破气浪，所以它的飞行难度要大些。

它觉得自己飞累了，就自动退到队伍的末尾，有别的老鹤来充当领队，带引这支有生力量。小鹤们跟在领队的后头飞，一只紧跟一只，头接尾，尾接头，按节拍鼓扇翅膀。哪一只体魄强健些，就飞在前面，哪一只体质弱一些，就跟在后面。它们排成"人"字阵。队伍的前端三角尖突破一个个气浪，就像船只用船头切开水波，破浪前进。

蜘蛛飞行家

没有翅膀也能飞行吗？

蜘蛛没有翅膀，它动脑筋、找窍门，想出飞的办法。

瞧，几只蜘蛛变成了气球驾驶员。

小蜘蛛从肚子里抽出细亮细亮的丝来挂在矮树上。风吹过来，吹得蛛丝摇晃、摆动，却不会断。蛛丝跟蚕丝一样，是很韧的，弹性很好。

小蜘蛛蹲在地上。蛛丝在地面与树枝间系着。小蜘蛛在地上还继续抽丝，直到像蚕茧那样把自己的身子缠起来，裹起来，而丝还继续往外抽。

蛛丝越拉越长。风越刮越猛。

小蜘蛛用它的细腿抓住地面，稳住自己。

一，二，三！

小蜘蛛迎风走去。

把自己身上一端的丝咬断。

呼啦一阵风刮过来，小蜘蛛被从地面吹起。

赶紧把缠在自己身上的柔丝，迅速在滚转中缓开！

小气球飞升到了空中……飞得高高的，掠过草丛，掠过矮树林。

气球驾驶员从空中往下俯瞰，选择最佳降落地点——哪里降落对自己最为有利？

身下是树林，身下是小河。再往前飞！再往前飞！

啊，这是个怎样的院落啊——苍蝇黑压压地在粪堆上面旋飞。停！降落！

气球驾驶员把蛛丝绕到自己的身子底下，用细爪子把丝缠成一个小团团。小气球渐渐降落了，降落了！

准备好：着陆！

蛛丝的一头挂在小草上。小蜘蛛落到了地面！

这里可以做上个小网，当自己的小家，平平静静地过日子。

许多这样的蜘蛛和蛛丝在空中飘飞——这样的景象只会在秋高气爽的日子里发生。所以，乡间有句俗语说：年眼看要老了。这是说秋来了，空中银发飘飘——这是年的白发呀。

——>※※ 林中要闻

擒盗鸟

通身鲜黄色的柳莺，是一种个头不大的小鸟。它们结成一个庞大的团队，在森林里到处逛荡。它们从这棵树飞到那棵树，从这片丛林飞到那片丛林，每飞到一处，就上上下下蹦跳着，仔仔细细地搜索，看遍了所有的角角落落。不管在哪一棵树的背后、树皮上、树缝里，见到青虫、甲虫或蝴蝶飞蛾，都逮来吃掉。

"切奇！切奇！"一只小鸟惊惶地叫起来。所有的小鸟都马上警觉地环视四周，只见下面有一只貂，正要偷偷爬上树来。貂隐在树根间，一会儿露出乌黑的背，一会儿钻进枯木与枯木的缝隙里。它身子细长细长的，像麻蛇那样扭动着，两只夺命的小眼睛，在阴暗中喷射出火星般的凶光。

"切奇！切奇！"四面八方的鸟都叫起来，整个柳莺团队都霎时离开了那棵树。

幸好是在白天。只要有一只鸟发现了敌人，整个鸟团队都可以撤离，都能逃脱。夜晚，小鸟多在树枝下睡觉。但敌人可没睡！猫头鹰用韧软韧软的翅膀，上下翻拨着空气，悄没声儿地飞过来，瞅准小鸟睡觉的地方，就伸爪子去抓！睡得迷迷糊糊的小鸟一见夺命的爪子，立刻吓得惊慌失措，四下里乱窜。可是，有两三只已经被抓去了，在强盗的钢铁般坚硬的利爪中，没命地挣扎着。

漆黑的夜晚，对小鸟来说，是危机四伏的时候！

失去了那几只小鸟的鸟群，六神无主地从这棵树飞到另一棵树，从这片树林飞到另一片树林，直到树林深处才稍稍平静下来。这些轻盈的小鸟，穿过丛密的树叶，终于找到了一个最隐蔽的角落，藏了起来。

第二天，一只柳莺在茂密的丛林里看见一个粗大的树桩子，上头有一簇形状怪异的蘑菇。它飞到蘑菇的跟前去，它想看看那里有没有蜗牛。

忽然，蘑菇的灰帽缓缓地往上升起来。两只滚圆的眼睛闪着火星般的光。这时，小柳莺才看清，这圆不溜秋的树桩竟有一张猫脸，脸上弯着一张钩子般的利嘴，样子凶恶极了，可怕极了。

柳莺大吃一惊，连忙闪向一旁，惊愕地尖叫起来："切奇！切奇！"

整个鸟群顿时骚动起来。不过，没有一只小鸟独自飞开，而是相反，大家聚拢到一块，团团围住那可怕的树桩子。

"猫头鹰！猫头鹰！猫头鹰！快过来！快过来！"

猫头鹰只敢恼怒地张合着钩子形的尖嘴，发出吧嗒吧嗒的声音，仿佛在说："你们找到我啦！让我睡不成觉啊！"

这时四面八方的小鸟都听到了警报声，就立刻都飞了过来。

它们擒住了强盗！

小不点儿个子的黄头戴菊鸟，从高高的枞树上飞下来。伶俐的山雀从矮树丛中跳出来，勇敢地投入了战斗的队列，它们在猫头鹰眼前飞着转圈，不住地盘旋，讥诮地对着它叫：

"来呀，碰我一下看！来呀，来抓我们哪！大太阳下面，你倒是敢动我们一下啊！你这个夜间强盗！"

猫头鹰只把嘴张合得吧嗒吧嗒直响，圆眼一睁一闭，现在是大白天，它一点办法也没有！鸟儿们还在呼啦啦呼啦啦不断飞来，柳莺和山雀的尖声喧叫引来了一群淡蓝色翅膀的松鸡，它们是林中鸦，有名的胆子大，气力也大，足可以制服猫头鹰。

来助阵的鸟，竟聚来这么多，猫头鹰吓坏了，它蓬开翅膀，溜了。哟，快逃吧，保命要紧！再不抓紧时间逃走，松鸡们要一致行动起来，准能把你给啄死！

松鸡们紧跟在猫头鹰后头追。它们赶啊，撵啊，直到把猫头鹰驱逐出森林为止。

今天，柳莺们可以安安生生睡一夜了。这样大闹一场以后，猫头鹰该不敢轻易回来了，林子里也可以平静一段时间了。

白　鹃

白鹃这种猛禽出猎时间都在深夜。白天悄悄躲着。都说，白鹃的眼睛在白天看出去是两眼一抹黑，什么也看不见，所以，干脆就藏身不出。而我以为，它在白天也是能看见东西的，正因为这样，它才在白天将自己的身影隐藏起来，神不知鬼不觉，不让敌人发觉它，一到晚上，就出来四处劫掠。

有一天，我在林边走着。我的身边跑着一只个儿不大的西班牙种猎狗，毛长长的，耳朵拖到地上。狗有个诨名叫"亲家"，不知为什么在一大堆干柴里嗅起来。它只是绕着柴堆跑，不肯往前走，犹犹豫豫地，不住往柴堆下边钻。

"走，别理睬！"我对狗喝令道，"这是刺猬。"

我的狗是很有教养的：平时我一说是"刺猬"，亲家就跑开了。然而，今天不，亲家不听我喝令了，就跟我拗着，照样一会儿往柴堆上跳，一会儿往柴堆下钻。

"准错不了，刺猬。"我心里琢磨。

　　突然，亲家从柴堆的另一边钻进去，这时，从柴堆下跑出一只白鹇来，个儿大得吓人，样子非常凶悍，眼睛很像猫，又大又圆。

　　白鹇跑出来，这在鸟世界里可是了不得的大事件。我还是孩子那会儿，走进一间黑漆漆的房间，房间四周堆满了东西，我就怕鬼跳出来。诚然，这是我年幼无知，人间世界里是没有什么鬼的。但是在鸟世界里可就两样了，我拟想，鸟世界里是有鬼的——白鹇这夜间强盗就是鬼。白鹇从柴堆下方跳出来，这对鸟儿们来说，就好比是一个恶鬼突然来到我们中间，就是鬼来了。

　　白鹇惊恐万状地从柴堆下面钻出来，刹那间又钻到了邻近一棵枞树下。就在这时，一只乌鸦从空中飞过。乌鸦看见林中强盗，在枞树顶端停了下来，不由得一声大叫——

　　"呱！"

　　从这一声全然变调的叫声中，一下就能听出，乌鸦已经被惊吓得丧魂落魄了！乌鸦只"呱"的一声，可就在这一声惊叫中，细细品味起来，定能品味出乌鸦的心颤胆寒，就好比是人吓得灵魂出窍时的一声——

　　"鬼！鬼……！"

　　停在不远处的几只乌鸦一听这乌鸦的惊叫声，也便跟着惊叫起来，更远地方的乌鸦于是相随惊叫，森林里成群成群的乌鸦也就随着呱呱呱呱地全都叫嚷起来，千万只乌鸦腾起在森林上空，大团乌云似的，哎呀，整座森林于是也就只听得一片"鬼来了"的惶恐不安的嚷嚷声。鸦群向第一只发出惊叫的乌鸦飞来，丛集在同一棵枞树上，这棵枞树看起来从上到下一片黑。

听得乌鸦世界里惊恐慌乱的聒噪声，白眼的黑寒鸦们也飞来了，天蓝色翅膀的松鸡们也飞来了，金黄色的黄莺们也飞来了，它们都向乌鸦麇集的地方飞来。这么多的鸟，一棵枞树当然待不住，于是旁边所有的树枝上统统落满了鸟，森林里更多更多的鸟，山雀，鹡鸰，柳莺，红胸鸲（qú），还有各种鹪鹩（jiāo liáo），呼噜呼噜都云朵一般盖住了整片树冠。

这时，亲家被弄迷糊了，这白鹇不是从柴堆下钻出来又蹿进了枞树下边了吗，不是在那儿啸叫，在那儿拼命刨土了吗？乌鸦和所有其他的鸟都在看白鹇刨出来的土，它们在等待猎狗亲家，指望它跳来，扑过去，将白鹇强盗从枞树下头赶出来。

可是亲家只在那儿瞎转悠，胡乱跑动。乌鸦们耐不住性子了，拼命地叫：

"呱！呱！呱！……"

这时的呱呱，意思就不外乎是"傻狗！憨狗！"

最后，亲家嗅到白鹇的气味，从柴堆下很快钻出来，很快循着气味追到枞树下，这时乌鸦们又齐声大叫——

"呱！呱！呱……"

它们的意思准是："对了，这就对了！"

当白鹇从枞树下跑出来，扑动翅膀，乌鸦们又叫起来——

"呱！呱！呱！……"

这下，它们的意思应该是："嗨，拿住它！"

所有的乌鸦都从树上腾飞而起，随即，山雀，鹡鸰，红胸鸱，鹤鹬——所有的鸟像一大团乌云飞去追白鹬，它们嘶声齐叫：

"拿住它！拿住它！拿住它！"

我忘了说，正当白鹬张开翅膀愣着的时候，亲家不失时机地用它的獠牙一下逮住了白鹬的尾巴，但白鹬力气太大，拼命一挣，挣脱了，亲家的牙齿只咬着白鹬的一撮尾羽。

亲家这一失手，使自己火冒三丈，顺着旷野迅速飞追过去，它跑得比鸟还快。

"对了！对了！"几只乌鸦在亲家身后猛叫。

这时，鸟儿们很快乌云一般覆盖了地平线，亲家也消失在了小树林里。亲家是怎么制服白鹬的，我就不知道了。

亲家回到我身边，已经是个把钟头以后了，它的嘴里只咬着一撮白鹬的羽毛。

这样，我就不能告诉大家，亲家嘴里拽回的这撮羽毛，是白鹬停止飞动时拽得的，还是鸟儿们追上了白鹬，亲家帮助鸟儿们拿住了白鹬，最终制服了这恶魔？

没有见到就是没有见到，我不能给大家瞎编一通啊。

米·普里什文

把熊吓拉稀了

傍晚，猎人很迟才走出森林，回到家中。他走到燕麦地边，看见燕麦地里有个黑乎乎的东西，在那里不停地旋转，怎么回事啊？

可能是牲口闯进了它不该去的地方？

仔细一瞅，妈呀，一头老熊进了燕麦地！它身子趴着，俩前掌搂住一束麦穗，正吮吸得起劲呢！看来，这燕麦浆水正对它的胃口。

猎人没带猎弹。身边只有一颗小散弹——他去打鸟，还留着一颗。

这猎人胆儿大。"唉！"他寻思着，"管它打得死打不死，我放它一枪再说。总不能眼看着这庄稼又叫老熊给糟蹋了呀！不给它点颜色瞧瞧，它是不会离开这麦地的。"

他装上小散弹，照准狗熊咚地放了一枪。

这震耳的一响，就在狗熊的耳朵边，狗熊没提防，吓得它猛地蹦了个高。随即像只鸟儿似的，呼一下窜进了麦地边的矮树林。

窜过矮树林，翻了个大跟斗，爬起来，头也不回地向树林跑去。

猎人看到平常觉得挺厉害的狗熊，竟这么经不起吓，不由得笑了。

他回家去了。

第二天，他想："得去看看地里的燕麦给狗熊糟蹋了多少。"他来到昨天开枪那个地儿，一瞧，一路上都有熊的稀屎，一直延连到树林里，原来，昨天狗熊被吓得拉稀了。

他顺着屎迹找过去，只见狗熊躺在那里，僵僵的，死了。

这么说，冷不丁给它这一吓，还真把它吓死了——这狗熊，还是森林里最强大、最可怕的野兽呢！

食用菇

大雨过后，蘑菇又长出来了。

最好的蘑菇是长在松林里的白蘑菇。白蘑菇长得胖、厚而肥实。它们的帽子是深栗色的。它们散发出一种闻起来格外舒爽的香味儿。

在林间路两旁，在低浅的草丛里，长出了一种油蕈（xùn）。这种菇有时长在车辙里。它们嫩的时候很好看，像小绒球。好看是好看。可是黏糊糊的，总有点什么粘在上面，不是枯树叶，就是干细草茎。

松树林里，草地上长出了一种褐红色的蘑菇。这种只生在松林里的红得很显眼的蘑菇，打老远就能望见。在这种地方，这样的蘑菇可真多！大的差不多有小碟子那么大，帽儿给虫子蛀得满是洞眼，颜色发绿。上佳的是不大不小的，比铜钱稍微小一点的那种。这种蘑菇最肥实，帽儿中央凹陷下去，边缘卷起。

　　枞树林里也有很多蘑菇。枞树下长出来的蘑菇，是白颜色的和棕红色的。白蘑菇的帽儿是淡黄色的，柄儿细长。枞树林里的棕红色蘑菇与松林里的棕红色蘑菇不一样，它们帽儿上面不是棕色的，而是绿得发蓝，而且有一圈圈的纹理，很像那树桩上的年轮。

　　白桦林里长的蘑菇，和白杨林里长的蘑菇不同。它们的名字就不同，白桦林里长的叫白桦菇，白杨林里的叫白杨菇。白桦菇在离白桦树很远的地方也生长；而白杨菇则紧紧地跟随白杨树，它们只能生长在白杨树的根部。白杨菇是一种很好看的蘑菇，又周正，又精致，干爽，清秀。

尼·帕甫洛娃（生物学博士）

毒　菇

　　雨后，毒菇也长出来了，还很不少。食用菇主要是白颜色的。不过，毒菇也有白色的。你着实得留神鉴别哩！毒菇中的白菇，是毒菇中最毒的一种。吃下一块毒白菇，所中的毒比让毒蛇咬一口还要可怕。它可以致人以死命。有谁误食了这种毒菇，中了它的毒，很少有完全恢复健康的。

　　幸亏白毒菇不难辨认。它有个和一般食用菇不同的特点是，它柄的模样好像是插在细颈大花瓶里似的。据说，白毒菇很容易与香菇混淆，因为这两种菇都是白色的。不过，香菇的柄是普通样子的，谁也不会说它好像是插在细颈花瓶那样的。

毒白菇最像毒蝇菇。有的人甚至把它叫作白毒蝇菇。如果用铅笔把它画下来，会叫人认不出这是毒白菇，那是毒蝇菇。毒白菇与毒蝇菇一样，菇帽儿上有白色的碎片，菇柄上像围着一条围脖似的。

还有两种危险的毒菇，很容易把它们当成是白菇。这两种毒菇，一种叫胆菇，一种叫鬼菇。它们和白菇不同的地方是，它们的菇帽儿背后不像白菇那样，是白色的或浅黄色的，而是粉红色的或红色的，如果把白菇的菇帽儿揉碎，它还是白的。如果把胆菇和鬼菇的菇帽儿揉碎，它们起初颜色变红，继而又变黑。

尼·帕甫洛娃（生物学博士）

乡村消息

猫头鹰为什么不飞走

8月26日，我赶大车去运干草。跑着，跑着，忽然，看到一堆枯树枝柴堆上蹲着一只好大的猫头鹰，两只眼睛一动不动地盯着柴堆。我不禁诧异地喝住了马，琢磨起这奇怪的猫头鹰，它离我这么近，却不飞开，是什么原因呢？我下了车，向前走了几步，捡起一根树枝，朝猫头鹰扔过去。猫头鹰飞走了。它才一飞走，就从柴底下飞出几十只小鸟来。噢，原来是这么回事。这些小鸟都是为了躲猫头鹰刚劲的利爪，而藏在柴堆底下的。

本报通讯员　波里索夫

救人的刺猬

天才蒙蒙亮，玛莎就醒了，她穿上连衣裙，光赤着脚板，就急急忙忙往森林跑去。

森林的一个斜坡上，长着许多甜甜的草莓。玛莎就是奔这甜果来的，她的手很灵巧，她的动作很快，一下就采了一小篮，转身就回家。一路上，她心花怒放，在露水湿得冰凉的草墩上，又是蹦又是跳。猛地，她脚底向前一滑，忽然疼得大叫起来，原来是一只光脚板滑下了草墩，被什么东西戳得鲜血直流。

原来是，这会儿正巧有一只刺猬蹲在草墩下。它把身子缩成一个圆球，在那里不停地叫。

玛莎呜呜地哭了。她坐到身旁的草墩上，撩起连衣裙的下摆揩（kāi）脚板上的血。

刺猬不叫了。

突然，一条大灰蛇，一条背上横有锯齿形条纹的蛇，直直向玛莎蹿过来。这是条剧毒的大蝰蛇！玛莎吓得胳膊腿儿都软了。蝰蛇越蹿越近，边蹿边咝咝咝叫着，边叫边频频吐着它那分叉的舌头。

说时迟那时快，刺猬忽然挺直身子，撒开四只小腿，飞奔着向蝰蛇勇敢地扑去。蝰蛇抬起前半条身，像鞭子似的抽将过来。刺猬用一个敏捷的动作，即刻竖起身子迎向毒蛇。蝰蛇咝咝狂叫起来，想掉转身逃开去。刺猬却仍不放过，猛一下扑到它身上，从背后咬住它的脑袋，用爪子捶打它的脊背。

这时候，玛莎才清醒过来，往前一个弹跳，急急忙忙跑回家去。

牛为什么疯了

我们村庄在一片橡树林旁边，却很少见杜鹃飞到这片树林里来。来了，也是叫一两声，就一去不回头了。

今年夏天，我老听见杜鹃咕咕、咕咕的叫声。我一下没有弄明白，直到发生牛发疯的故事。

农人们把牛群赶到树林里去放牧。一天晌午时分，一个放牛的孩子突然高声嚷叫道：

"牛发疯了！"

我们大家赶紧跑进树林里去看。噢哟！这是怎么啦？这是怎么啦？可吓死人！母牛乱跑乱跳乱叫，拼命拿尾巴咚咚咚甩自己的背，莫名其妙地撞树，眼看脑袋都要撞破了！我们要不留神，我们都会被踩死的。

赶快把牛群赶开！这到底怎么回事？

原来是毛毛虫惹的祸。橡树上爬满了毛毛虫，咖啡色的，一条条都大得出奇，毛茸茸的，像一只只小野兽！所有的橡树上都爬满了，有的树已经光秃秃的了，一点绿色也见不到了——毛毛虫把树叶全啃光了！毛毛虫身上的茸毛在不断往下脱落，经风一吹，就到处飞扬，戳疼了牛眼睛，牛一难受，就疯了！

　　好在有杜鹃鸟！好在飞来了无数杜鹃！我从来没见过这么多的杜鹃！还不只杜鹃，也有其他的各种鸟，有美丽的黄鹂，金晃晃的，背上均匀地横着黑色条纹，有樱桃红颜色的松鸡，它们的翅膀上都有淡蓝色条纹，周围的鸟统统飞到我们的橡树林里来吃毛毛虫了。

　　结果呢，你们自己也能想象的！橡树都挺过来了。过了不到一个星期，所有的毛毛虫都叫鸟儿吃光了。这鸟儿可真是行哪！要不是它们，我们这片小树林准得完！想想都后怕呀！

———≫≫≫ ❦ 林野专稿

救熊一命的竟是一只苍蝇

　　熊老来偷农人的麦穗吃。每天晚上都来。来偷吃不说，还大片大片地踩倒麦子，把麦子糟蹋得满地狼藉。农人们可遭罪了！

　　一个农人来找塞索依·塞索依奇。

　　"没辙了，只有来找你老哥儿出手了。"

　　塞索依·塞索依奇是个猎熊老手。他打熊一打一个准，那把式真是天下无双。他什么猛兽都能拿下，尤其在行的是猎熊。

树林里有一片麦地。塞索依奇在林边选了个地儿，然后上树，在几根粗大的树枝上搭起一个简易棚子来。

白天，塞索依奇用油把枪擦得锃亮锃亮的，这样在月光下才能好好瞄准，打到点儿上。天一擦黑，他就爬上窝棚，悄悄猫在里面。

一切准备就绪。他坐在树上，等熊出来偷吃麦穗。

有两个点儿一亮一亮地闪。接着，响起了窸窸窣窣、哧哧嚓嚓的声音。来了，是熊来了。随后传来咔咔嚓嚓的枯枝断折声。进麦地了。可是四围一片漆黑，什么也看不见。

终于等到月亮升起。麦地白亮亮的，像是一泓泻了白银的湖。行了，塞索依奇看见它了，看见熊的身影了！熊就在他蹲守的树底下，用爪子揪麦穗吃呢，一把一把塞进自己嘴里。嫩麦穗的汁液如奶浆般香甜，这味儿熊特别喜欢，所以吃得可带劲儿了！

是送它去见鬼的时候了。

塞索依奇轻轻抬起枪，瞄准那正吃麦穗的野畜。准星已经对好熊脑袋了。可就在这时，飞来个大家伙，黑黑的，直撞塞索依奇的眼睛！

黑家伙落在了枪的准星儿上。

这时，塞索依奇才弄明白：这黑家伙是一只苍蝇。

苍蝇小小的。是小小的，但是在人的鼻子底下看起来，就是大大的，大得像一头大象。准星上的苍蝇挡住了塞索依奇的视线。

他怎么瞄也瞄不准。

塞索依奇轻轻把苍蝇赶开——嘘！

苍蝇一动不动。

"佛尤！"他向苍蝇吹了一口气。

苍蝇一动不动。

"佛尤——尤！"他更使劲儿地吹。

苍蝇飞走了。当塞索依奇再瞄准的时候，苍蝇又飞回来了！

这不，没法瞄准了。

塞索依奇吹气吹得更用力：

"佛尤——佛！"

苍蝇飞开，又随即转身飞回来。这苍蝇就这么死死钉在准星儿上，赶也赶不走。塞索依奇生气极了，火冒三丈！

就小小一只苍蝇，竟这么坏事儿。塞索依奇把身子尽量朝前移，伸手将了一把苍蝇……没想到一巴掌打到了枪机上！

咔嚓——咚！枪响了。

枪猛一后坐，塞索依奇脚下的一根树枝断了，他从树上翻落下来，直落到了熊身上。

这倒霉的熊嚼着味儿甜美的麦穗，嚼得正来劲呢，压根儿想不到它头顶会突然落下个什么家伙来。

它吓得魂不附体，一下蹦起身，连头也不回，也没看看天上掉下来的是个什么东西，就没命地逃进了森林。

塞索依奇摔得不算重，伤得不太厉害，他很快就没事儿了。熊从此没再来偷吃麦子。那只救熊一命的苍蝇，不知飞哪儿去了。

可尊敬的鸟

水泽地里，放眼望去到处都是鹭鸶。什么样的鹭鸶没有啊！

鹭鸶大大小小，颜色各个相异，有白色的，有灰色的，有褐色的。有的白天在沼泽湿地走动，有的则在夜间才出来巡弋。

鹭鸶的颜色、个头不同，但样子都一本正经，站在那里，丝毫不随便。当然，最正儿八经的是叫声呱呱呱的鹭鸶。

呱呱鹭鸶到夜间才出来。白天，它们在窝里闲待着，一到夜里就慢悠悠地走出来啄青蛙和小鱼吃。

夜间，沼泽湿地里倒还凉快。中午时分，它们在窝里可遭罪了。炎阳把森林蒸烤得一片闷热。呱呱鹭鸶站在窝边上，不让阳光照进窝里。它们热得实在受不了，它们的呼吸显然很困难，甚至能听见嗤嗤的喘息声。它们大张着嘴，翅膀展开着，耷拉在两边，整个儿一副倦态。

我就自个儿琢磨，这呱呱鹭鸶看样子一丝不苟的，可仔细一想，它们也真是笨到家了！不会躲到阴凉处去蹲着吗？这不明摆着是脑子不好使呀。这窝做得这么马马虎虎，长长的脚杆从窝里挂下来。

太热了。它们向着太阳，长嘴张得大大的，呱呱呱不停地叫。天上的太阳移动得很慢很慢。毒热的阳光总是对着呱呱鹭鸶猛烈地晒……

突然，一滴血滴落到我脸上。[①] 我一下意识到我这样站在这里很内疚。看，呱呱鹭鸶可是用自己的身子挡着毒热的阳光啊！

我想小鹭鸶应该感觉到凉快些的：因为上方有它们的母亲为它们遮阴，下方有疏疏朗朗的缝隙透着风凉。小鹭鸶在睡觉，长长的脚杆彼此交叉着，从窝底的隙间挂下来。小鹭鸶一醒来就吵着要吃的，呱呱鹭鸶就飞到水泽地里去抓些鱼

---

① 此处意指母鸟为自己的孩子遮阴、觅食，而自己则渴、饿而致于吐血，这滴血是母爱之血，是母爱外现之极致，值得尊敬。

虾回来喂孩子。等把孩子喂饱了，自己才蹲下来休息。休息的时候，它们的嘴仍四方转动着，为孩子守望安宁。

可尊敬的鸟儿啊！

尼·斯拉德科夫

埋在夏雪里的小鸟

夏天的群山展现着醉人的美丽！满山满坡的鲜花在万绿丛中闹得猛烈，四面八方传来鸟儿的啼唱。

但是，就在转瞬间，灰白的山岩后面就浮升起几个闷蓝闷蓝的云团，遮蔽了刚才还明艳的太阳。立刻，花儿闭合上了它们的花瓣，鸟儿停止了它们的歌唱。

大家的心情顿时都变糟了。

周围黑魆（xū）魆的，感觉到一种突然袭来的恐怖。隐隐约约有个庞然大物嘘嘘叫唤、打着呼哨，正越滚越近！眼看它轰隆轰隆就滚到跟前了，整个森林顿时一片恐慌和混乱，哦！暴风雪来了！

我连忙躲到岩石下。紧接着狂怒的风，扯起了闪电，响起了雷……下雪了！夏季里下大雪！

暴风雪过去后，周围变得满眼皑皑，而且静寂一片，像是一下回到了冬天。

不过，这是一种别样的冬天。从冰雹和积雪下，偶然露出了野花。一丛丛的青草在雪面上挺立着，它们摔掉了雪花。不久，夏天又从冬天底下钻出来了。

我忽然惊喜地发现，从雪里竟探出了一个小山鸟的头。

转来转去的，那是山鸟的小嘴，一眨一眨地，那是山鸟的眼睛。

这只小山鸟被突如其来的雪埋住了！

我想捉住它，把它掖在我怀里，让它暖和过来，但是忽然又改变了主意——很明显，它并不需要我的帮助，于是我便蹑着脚后退着走开了……

很快，乌云散尽，天上又出了太阳。

积雪和冰雹在夏日阳光下很快消融。从四面八方传来潺潺的流水声——不过泻下的水都是浑浊的。

郁郁葱葱的山谷又出现在了我的眼前。

小山鸟于是站了起来，抖掉了身背上的冰雹和积雪，用嘴理了理湿漉漉的羽毛，接着便钻进草丛里去了。

果然如我所料的那样！在刚才小山鸟趴过的地方，有个鸟窝，窝里有五只半裸的雏鸟。眼睛全紧闭着，彼此挤作一团。在鸟妈妈的肚腹下，它们活着，看得出，它们在一张一翕地喘气，背上和脑袋上的绒毛都在轻轻颤动。

难怪，这暴风雪袭来，小山鸟没有自顾自地逃开！难怪，它让大雪把自己埋了！

尼·斯拉德科夫

闪电般的迅猛一击

这是一条窄溜溜的峡谷，两侧岩壁高耸。有心考察大自然的人，一走进这样神秘的所在，就都会被深深吸引。这里，时不时地，从两边山上稀里哗啦往下滚落石块之类的东西，一年到头都这样——有时是因为石头风化了，有时是因为蜥蜴在悬崖上爬动，有时是因为兔子在陡坡上蹿跑，也有时是因为五色斑斓的山鹧鸪骤然飞出了窝，还有时是因为野山羊在高高的崖壁上跳跃。

黎明时分的峡谷最迷人。两旁红艳艳的群山把峡谷衬成了一条湛蓝湛蓝的地缝。而到中午时分，狭窄的峡谷就填满了烟岚，而峡谷里堆积的石头全被炎热的阳光染成了金色，于是石头下方的阴影就显得更黑了。

被烈日烘烤的峡谷，这时燠（yù）热得人连气都喘不过来。实在是憋闷得叫人受不了！

再慢慢往前走，峡谷忽然连连急转弯，一段向东，一段向西，待走近峡谷的谷口，就见有山鸡嘟噜嘟噜飞起来，再走几步，令人惊喜的景象就豁然展现在眼前……

……蜥蜴猛一下蹿出来，向我瞪大了眼睛。这里有各种各样的蜥蜴类动物，包括通身灰白的蝾螈；有的蜥蜴通身鼓凸起疙瘩，脑袋呈三角形，脸颊的皮松塌塌的，它们好不容易从岩石的窄缝里挤出来；它们黄色的鳞片在硬石头上碰出了唧嘎声。

再拐一个弯，就听得一声如铁锤敲打坚石一般的脆鸣！这是一只岩鵰发出的啼鸣。哦，这金属叩击般的鸣叫声，着实吓了我一跳！

　　我睁大眼看岩壁，看到一只山鹦鹉从上面跳下来，跳到了一块石头上，它伸长脖子，悄没声儿地一步一步挪向前去，显然，它是想要弄清楚：谁发出的这声响？这时，高处一块凸起的石头后面，伸出一个支棱起一对麻花形长角的野山羊脑袋来。

　　野山羊和山鹦鹉都一眼不眨地盯着发出铁片落地般叫声的䴖鸟，看着这岩䴖惊恐万状地在岩壁上边跑边叫，边跑边叫……它们两个都要看个究竟来：是什么险情叫这峡谷里个儿最小的禽民——这䴖鸟如此惊惶和焦急？它们必须赶快弄明白这里发生了什么事……它们全神贯注盯在䴖鸟身上，所以连我的出现，它们都没有注意到。

　　是禽鸟也好，是野兽也罢，我得分辨清楚我眼前出现的是什么动物。然而时间容不得我慢慢看。不过时间再紧迫，我也得观察清楚再行动。

　　我的目光沿金色的岩石滑过去，滑过去，结果看见了，有一条长长的东西从野山羊和山鹦鹉的眼前蹿过去，从凸起的岩石后头直蹿向壁立的悬崖，哦，原来是这陡峭的岩壁上有一个䴖鸟的窝。这窝看上去像是个细颈子的瓦罐……

　　……一条粗长的黑花花的绳索一伸一缩地由下往上蹿动着，它从凸起的岩石下方绕上去。这是一条毒蛇，一条有大人胳臂粗的大毒蛇，它一次喷出的毒液就足以让一匹大马或一头骆驼丧命。

　　岩䴖急得像旋转的陀螺，绕着毒蛇飞来飞去。它一会儿头朝上、一会儿头朝下，不住声地惊叫着，每块石头都回响着它的惊叫声：仿佛每一块石头都吓得连声哀哀惨鸣起来！

峭立的石壁无碍于毒蛇的攀爬。它身体的尾部在岩壁上支撑着它的整个身躯，它黑乎乎的脑袋在高处空悬；它上下搜索着，在岩壁上寻找䳭鸟的窝。它不断地摸索着觅求新的支撑点，不断地把水银似的身躯往上滑油油地蹿动。

瞧这蛇的头已经接近峻峭岩壁上的䳭鸟窝了，已经快要碰触到铺在那里的䳭鸟婴儿床了；小岩䳭早已醒来，这黄绒绒的小岩䳭的惊叫声，声声传到我的耳际，不由得我的心阵阵发悸，瑟瑟颤抖！

蛇把尾部紧贴着壁立的岩石，支撑着前半身，支撑着头部，它探向䳭鸟细颈瓦罐般的窝。蛇头一点点伸向了鸟窝……

瞧这蛇三分之一的身躯——大半个身躯——三分之二的身躯已经悬空……

岩䳭惊慌失措，连叫声都发不出来了。

毒蛇晃动着的脑袋向鸟窝探去，但还够不到鸟窝的上口；它平衡好身躯，把自己弯成了个大问号的形状。

再爬上去一点，只要再爬上去一点，它的头就能探进鸟窝了！

唉，真见鬼！我能在这毒蛇吞噬无助小鸟时无所作为吗？

我举起了猎枪。

就在这一瞬间，奇迹发生了：小小个子的岩鹨，它猛一展翅，从上面俯冲下来，用它的利喙、用它的双爪，闪电一般对着毒蛇的后脑勺猛撞过去。

岩鹨的身躯虽然很轻，但它的拼死一撞却非常及时。

毒蛇没能稳住身躯，呼啦一下从悬崖上坠落下去。

毒蛇弯曲的长身在空中只一闪，就嘣的一声，沉沉地砸在了峡谷谷底的石头上。

岩鹨吱溜一下钻进自己的窝。它从瓦钵似的窝里往外看，看到摔死在谷底的大蛇，还不由得心存余悸，又匆匆缩身，躲进了窝底。

没有我的一枪，这事也还有这么一个很好的了断。

我再抬眼看时，峭壁上的长角野山羊不见了，好奇的山鹦鹉也不见了。

我继续上路。我随着峡谷走，拐了一个弯又一个弯……

每拐一个弯，都能见到一番别样的风景。

对一个热衷于大自然考察的人来说，看过峡谷峭壁上这惊险的一幕，今天的收获也已经是够大的了。

尼·斯拉德科夫

狐狸这样拿住刺猬

森林里有一只狐狸，有名的狡猾。谁都知道它满肚子都是奸计，骗术的高明举世无双。而森林里的刺猬，自卫能力一等的强。它一身的刺，只要一竖起，就谁也拿不住它。可狐狸却把它给拿住了。

刺猬在森林里走着，一路走一路呼哧呼哧地哼哼，一路用它浑身的尖刀挖出树根来，一路吃得饱饱的。

狐狸向刺猬扑过去。

刺猬刷一下蓬开它满身的尖刀，它毫不退缩，变成一个可怕的刺球，勇敢地迎上去。

狐狸绕着它转了一圈又一圈，定了定神说：

"既然你是个球，我就叫你滚下坡去。"

狐狸说完，试着伸过它的一条腿，去翻动刺猬。刺猬呼哧呼哧生气地连声叫着。可是它没有办法，由不得它不顺着斜坡滚下去。

"滚！滚！球儿——滚！"狐狸说着，再使了把狠劲，把刺猬快快推下坡去。

刺猬往坡下滚去，滚去，直滚进了一个坑里——坑里水汪汪的。

刺猬呼哧呼哧叫着，叫着，吧咚，滚进了水坑里。

这时，刺猬没办法了，只得赶快伸开四腿，划水逃命，向岸边游去。

狐狸从下方一口咬住了刺猬柔软的下腹！

不多会儿，刺猬就没了。

鸟儿飞离脱去夏装的森林远征他乡
（秋季第一月）

九月秋

九月。

乌云蔽空，森林一天比一天阴郁了；风开始频繁地呜呜啸叫。秋季的第一个月，一步步向我们走近。

春天有春天的工作，秋天也有秋天的工作。不过秋天的工作跟春天的工作恰恰相反。秋天的工作从空中开始。树冠顶端的颜色逐渐发生变化，起先是变黄，接着是变红，再接着是变成褐色，而后成为深褐色。它们不能从阴郁的太阳那里得到充足的光照，就日甚一日地枯萎了，很快丧失了葱绿的色彩。叶柄长在树枝的那个地方，出现一个衰老的晕圈。树枝在无风的平静日子里，树叶也会一片接一片地飘落。黄色的白桦树叶忽然从这儿落下，红色的白杨树叶从那儿落下，在空中轻盈地摇晃着飘荡，飘荡，随后无声地顺着地面滑动，最后落定。

清早醒来的时候，你头一次看到青草上有白霜，于是，你在日志上写："秋天开始了。"这落秋霜的夜间，秋天就算真的开始了。头一次下霜，都是在黎明前。

从枝头飘落的枯叶越来越多了，直到最后，刮起了西风，那是专摘树叶的风——把森林华丽的夏装吹卷了去。

空中失去了雨燕的身影。家燕和在我们这一带度夏的其他候鸟，都飞聚拢来，集合成群，夜间悄无声息地陆续出发，飞上了遥远的旅程。空中穿梭的飞鸟一天少似一天，就显得天空一天比一天空旷了。

水越来越凉，人愈来愈不想到河里去洗澡了……

然而不经意间，突然，似乎专为纪念那火热的夏季似的，天气又回暖了。一连几天干爽无风，艳阳朗照。一根根长长的细柔的蛛丝在宁静的空中飘飞，频频闪晃银光……田野间，清新的绿意，欢快地闪着鲜丽的光泽。

"夏天还舍不得走哩！"村里人边笑吟吟地说着，边欣慰地观望着显出蓬勃生机的秋播作物。

森林居民忙着做漫长冬季来临前的准备。寄托着森林希望的生命，都妥妥帖帖地藏好了地方，它们知道，现在一切对新生命的关怀都中止了——这种对生命的关怀，要到明年春天才会再有。

只有一只兔妈妈怎么也安不下心来。它还不愿意夏天过去，所以又生下秋兔来！这秋兔也叫落叶兔。

这时长出来的食用菇，柄儿很长。

夏季过去了。

候鸟离开它们出生地的日子不远了。

又像春天一样，森林里给我们编辑部拍来了一封封电报：时时有新闻，天天有大事。又像候鸟回乡时那样，鸟儿开始大搬家——所不同的是，这一回是从北边往南边搬。

秋天就这样开始了。

林中要闻

发自森林的电报

不知不觉间，那些身着五彩缤纷的衣服的鸣禽都看不见了。我们没有看见它们出发的情景，因为它们多半是在半夜里飞走的。

许多禽鸟出发的时间都在深夜时分，这样虽然辛苦些，却安全些。要知道，游隼哪，老鹰啊，以及其他许许多多猛禽，白天都在半路上拦截候鸟！而黑夜里，这些猛禽是不会去袭击它们的。在猛禽看不见东西的夜里，候鸟们却能清楚地辨别航路。

　　飞越大海的路途上，一群群水鸟出现了，它们是野鸭、潜鸭、大雁、鹬鸟等等。这些羽翼旅行家在春天歇过脚的地方停下来歇脚。

　　森林里的树叶在一天天发黄。兔妈妈又生了六只小兔崽。这是今年最后一窝小兔子了。我们叫它们为"落叶兔"。

　　在海湾内的淤泥岸堤上，不知是谁，每天夜里都去印上一串小竹叶。这些小竹叶的小点子布满淤泥表层。我们在这小海湾的岸上，搭了一个小棚子，想暗中观察是谁在那儿撒欢。

鸟儿即将启程

　　白桦树上的叶子已经稀疏了。光秃秃的树干上，椋鸟窝在风中孤零零地晃来晃去——这些小房子现在被主人们丢弃了。

　　这是怎么回事啊，忽然飞来两只椋鸟。母椋鸟钻进窝里，不知道在里头忙碌些什么。而公椋鸟落在枝头上，愣了一阵，四面瞅瞅……随后唱起歌来！歌声很细小，仿佛是唱给自己听的。

　　公椋鸟唱歇了。母椋鸟飞出窝来，慌慌忙忙向鸟群飞去。公椋鸟跟在母椋鸟后面，也向鸟群飞了过去。

　　时候到了，它们上路的时候到了，不是今天，就是明天，它们就要启程了。

　　今年夏天，它们在这幢小房子里孵出了小鸟，养育出了它们自己的孩子。它们现在是来跟这小房子告别的，往往是这样，真要离开的时候，又不免留恋起来。

　　它们是不会忘记这小房子的。明年春天，它们还要回到这里来住。

摘自少年自然科学家的日记

秋高气爽的早晨

　　9 月 15 日。

　　天气还在显示着夏天的余威。我和平常一样，一大早就到园子里去。

　　我走到外面一看，高朗的天空一碧万里。空气微微透着一丝凉意，高树、矮树和青草间挂满了银亮亮的蛛网。富有弹性的蛛丝，密密麻麻地点缀着细小的露珠。每个蛛网中央，都守着只蜘蛛。

　　一只小蜘蛛在两棵小枞树的树枝间布了一张银色的网。这网被秋露衬托着，俨然像是一片玻璃，一碰就会稀里哗啦地碎掉。蜘蛛缩成很小的一个球球，僵然不动。苍蝇还没飞来，所以，它正好打个盹，以逸待劳。不过也难说，它已经冻死了吧？

我拿小手指小心地碰了一下小蜘蛛。

没想到，小蜘蛛像一粒没有生命的小石子儿似的掉落下来了。我看见它一落到草丛里，立刻就跳起来，飞逃开去，躲藏起来。

装死还装得像哩！

令我感兴趣的是，这小蜘蛛还会不会回到这网上来？它能找到这张网吗？或者另织一张网？试想，新织一张网得费多大劲儿呀——得多少趟来来回回、前前后后地奔忙，需打多少结子，绕多少圈子。得费多少神，劳多少心，出多少力啊！一颗小露珠在小草的梢头上抖动着，好像长长的睫毛上的一颗颗泪珠。露珠里闪着一粒小星火，透映出喜悦的光彩。

路旁最后几朵小野菊花，耷拉着它们的花瓣裙，等待着太阳来晒暖它们的体温。

像玻璃般脆亮的空气带些儿轻寒，显得异常的纯净，缤纷斑斓的树叶也好，被露水和蛛网染成银色的青草也好，或是夏天从来没有过的那种纯蓝的小河也好，一切都是这样的华美、绚烂和喜气洋洋。

在一个看不见的地方，一只黑琴鸡在森林附近用压低的喉音嘟哝着。

我向传来叫声的地方走去，想从矮树林后偷偷靠近琴鸡，看看秋天回忆起春天那些游戏的时光，怎么样秋弗秋弗地连声叫唤。

　　可我刚走到矮树林前，那黑色的琴鸟就泼拉一声响，几乎是从我脚下飞了起来，声音响得我都不由得打了个冷颤。

　　原来它就在我旁边。我还以为它离我很远哩！

　　正在这时候，从远处传来了一阵吹喇叭似的鹤唳声——一群鹤在森林上空飞了过去。

　　它们离开我们了……

本报通讯员　韦里卡

祝你们一路平安

　　每一天，每一晚，都有一批羽翼旅行家振翅上路。它们不慌不忙地飞着，不发出一点声音，飞飞又停停，停停又飞飞，这样子跟春天飞来那会儿可很不一样啊。

　　一望而知，它们是很不愿意离开自己的出生地呢。

　　飞走的次序，同飞来时恰好相反：彩羽鲜艳夺目的鸟先起飞，春天最先飞来的燕雀、云雀、鸥鸟最后飞走。有许多鸟则是年轻的先飞。燕雀是母的比公的先飞，那些健壮有力的、更能吃苦耐劳的鸟，在故乡耽延得会久些。

　　大多数鸟是直接向南方飞——飞往法国、意大利、西班牙，飞往地中海、非洲。

　　有些鸟是向东方飞，经过乌拉尔、经过西伯利亚，飞往印度去。

　　有的甚至飞到美国去。几千公里的路程，在它们的脚下一闪而过。

林中巨兽的打斗

傍晚，当晚霞染红了西天，森林里出来嘶哑的短声吼叫。这是林中巨兽，那些犄角高耸的大公麋鹿，正从密林里走出来。它们边走，边用发自内脏深处的震耳欲聋的吼叫声，向敌手挑战。

体魄魁梧的大汉们，在林中空地上相遇。它们拿蹄子频频刨地，耀武扬威地摇晃这笨重的花角。它们的眼睛里布满血丝，它们彼此猛冲，低下头猛击狠撞，连连发出咔嚓咔嚓、喷咚喷咚的声音，斗着斗着，两副犄角就钩缠在一起。它们以巨大身躯的全部重力撞击对方，拼命想扭断对方的脖子。

它们一会儿分开，一会儿又冲上去打斗，一下子把前身弯到地上，一下子又用后腿支撑着站立起来，用硬角猛烈地对撞。

坚硬沉实的花角相互撞击的时候，森林里就响起咣当咣当的声音。有人把公麋鹿叫作犁角兽，这是有道理的：它们的花角宽宽大大，像犁似的。

被打败的公麋鹿，有的惊惊惶惶地退出打斗场，落荒而逃，有的受到可怕的大角的致命撞击，撞断了脖子，鲜血迸涌，轰然倒地。战胜的公麋鹿就挥动锋利的蹄子把它踢死。

于是，强烈的吼声又震撼了森林，犁角兽吹起了胜利的号角。

在森林深处，一只没有角的母麋鹿在等待着它。胜利的公麋鹿成了这一方森林的霸主。

它不容许任何一只其他的公麋鹿，到它的领地里来。连年轻的小麋鹿也不容许，一看见，就非撵开不可。

它那嘶哑的吼声，像夏日里的雷声，能传到很远的地方。

发自森林的电报

我们想在窥探中弄明白，是什么动物，在海湾沿岸的泥地上踏出了一串串竹叶形的脚印和一个个的小圆点。

原来竟是滨海鹬。

满是淤泥的小海湾，是鹬鸟的一个好饭馆。它们落脚在这里，既可以休闲，又可以找食物充饥。在这柔软的淤泥地上，它们大踏步地走着，来来去去，自由自在，于是就留下了一长串一长串的竹叶形趾痕。它们往淤泥里插进嘴去，从下面拽出小虫子来当早点。只要是长嘴插过的地方，就都留下了一个小圆点。

我们捉到一只鹬。它在我们家屋顶上住了整整一个夏天。我们在它的脚上套了一个很轻的铝制金属环。环上刻着一行字：Moskwa，Ornitolog.KmitetA，No.195（莫斯科，鸟类学研究委员会，A组第195号）。随后我们把这只鹬放掉，让它带着脚环飞走。如果有人在它过冬的地方捉住它，我们就可以从报上知道：我们整个地区的鹬，都到了什么地方越冬去了。

森林里的树叶已经全部变了颜色，开始脱落。

➤➤➤❀ 城市新闻

夜间骚扰声

在秋天到来的这些日子里，差不多每夜都可以在城郊听到骚扰声。

听见阵阵闹哄哄的响声，人们就从床上跳起来，把头伸向窗外，看发生了什么事，出了什么乱子。

下面院子里，家禽都在扑腾翅膀，鹅喷喷地叫唤，鸭呷呷地吵着。是黄鼠狼来袭击它们了么？不然，就是一只狐狸钻进院子里来了？

然而，在石头垒砌的围墙里面，在房子的铁门里面，哪里会有狐狸和黄鼠狼呢？

主人在院子里巡查了一遍，又检查了一下家禽圈栏。看不出任何异常呀。什么也没有异样呀。这上着坚固的锁和门闩的门里，谁也不能偷偷钻进来的呀。唯一的可能，是一只家禽做噩梦，然后所有家禽都跟着嚷嚷。这不，现在不是静悄悄的，又什么事儿也没有了吗！人们又钻进被窝里，安生睡觉了。

但是，过了个把钟头，又喷喷、呷呷地闹腾起来了。又是惊惶，又是骚扰。怎么回事儿呀？院子里又出什么乱子了？

当你打开窗户，躲在一旁倾听，只见暗幽幽的天空上，闪烁着星光。静悄悄的。

可是，过不一会儿，像是有一条影影绰绰的什么东西，从空中瞬间掠过去，那影子秩序井然，一条一条，很多，把天上的金色星星都遮蔽了。传来一阵低沉的若断若续的轻啸声。在苍茫的夜色中，在高高的天空上，响起一种模糊不清的声音。

家鹅和家鸭一下子都醒来了。这些家禽好像已经忘记了在天空自由翱翔的滋味，可这会儿却又忽然莫名其妙地打内心里冲动，高高扬起翅膀，不住地扑腾。它们踮起脚掌，伸长脖子，叫呀，嚷呀，在叫嚷声里，明显能听出它们的苦闷和悲哀。

它们那些自由的野姐妹们，在黑魆魆的高空，用召唤的声音回答它们。一群又一群羽翼旅行家，正从石头房子和铁房子上飞过。野鸭的翅膀发出扑扑的声音。大雁和雪雁用沉哑的喉音叫着，彼此呼应着。

"喷！喷！喷！哎，跟我们一起上道吧！走吧！离开饥饿！走吧！跟我们一起走吧！"

候鸟响亮的喷喷呷呷声，终于消失在远处了，而那些早已忘记怎样翱翔的家鹅和家鸭们，却还在石头围砌的院子的阴暗处吵吵嚷嚷，闹腾着，骚扰着。

野蛮的袭击

在我们城市的伊萨基耶夫斯基广场上，青天白日里，当着行人的面发生了一场野蛮的袭击。

鸽子从广场上飞起来。这时，从伊萨基耶夫斯基大寺院圆屋顶上，突然飞下来一只大隼，向最边上的那只鸽子猛扑过去。只见一大片绒毛散乱地飞舞。

行人和那群受惊的鸽子，都慌忙躲进屋顶下去了，大隼拿脚爪抓住被啄死的鸽子，吃力地飞回大教堂的圆屋顶上去。

我们的城市上空，经常有大隼出没。这些羽翅强盗，喜欢在教堂的圆顶和钟楼上，居高临下地筑建它们的强盗窝——从这里俯瞰下方，视野开阔，侦察猎物比较方便。

发自森林的电报

寒冷的早霜袭向大地。

矮树林中，有的树好像遭了刀削斧砍，叶子似雨点般纷纷飘落。

蝴蝶、苍蝇和各种甲虫，都各自寻找地方去躲藏起来了。

候鸟中的鸣禽匆匆飞过一片片丛林和树林。它们的肚子已经饿了，忙着要飞去找寻食物充饥。

> 　　只有鸫鸟不抱怨食物缺少。它们成群结队，向一串串熟透了的山梨飞扑而去。
> 　　寒风在森林的秃枝间呼啸。树木都沉沉地睡了。
> 　　森林里再也听不到鸟儿的歌声了。

喜　鹊

　　春天那会儿，几个乡村的淘气孩子捣毁了一个喜鹊窝。我从他们手上买来一只小喜鹊。只过了一天一夜，我就把它驯服了。第二天，已经会到我手掌心吃东西、喝水了。我们给这只喜鹊取了个名，叫"魔法师"。它听惯了我们这样叫它，它就答应。

　　喜鹊的翅膀长硬了以后，就总喜欢飞到门上去，站在门框上面。门对面的厨房里，有一张桌子。桌子里有个抽屉。抽屉里总放着一些食物。有时候，我们刚拉开抽屉，喜鹊就从门上飞下来，钻进里面去，就急急地啄吃里面的东西。我们把它拖出来，它还吵吵着，老大不愿意呢！

　　我去打水的时候，喊一声："魔法师，跟我来！"它就落在我肩膀上，跟我走了。

　　我们吃早餐的时候，喜鹊总是头一个忙碌起来：又是抓糖，又是抓甜面包，有时候还把爪子伸进烫烫的牛奶里去。

　　最可笑的是，我到菜园里为胡萝卜地除草时，魔法师蹲在田垄上看我干活。看着看着，就也拔起垄上的草，学我的样子，把一根根草拔起来，放成一堆。它在帮我干活儿呢！

但它弄不清应该拔什么，于是，杂草和胡萝卜一起拔出来了。给我帮倒忙哩！

本报通讯员　薇拉弥赫叶娃

秋　菇

森林里现在是一片凄凉景象了。你看，树叶全落光了，落叶在潮湿的地上散发出一股股朽烂的气息。唯一能让人提起兴致的是，成片成片的秋菇兴致勃勃地冒出来了——这是栗茸。它们有的一堆堆丛集在树墩上，有的爬上了树干，有的散布在地上，似乎是在离开大伙儿独自在一边徘徊。

这大朵大朵的栗茸，看上去让人高兴，采起来也叫人痛快。几分钟，就可以采得一小篮，而且是光采菇帽，净挑肥厚的采呢。

小栗茸的样子非常好看。它们的帽子还绷得紧紧的，好像孩子头上的无檐小帽，下面围着一条白生生的小围巾。过几天，帽子会翘起来，变成一顶实实在在的帽子，围巾变成一条领子。

整个帽子上，都是烟丝般的小鳞片。它是什么颜色的？很难确切地说出来，反正是一种叫人看了很舒服的、宁静的淡褐色。小栗茸的菇帽下的菇褶，是白的，老栗茸的菇褶是嫩黄色的。

你注意过吗，老菇帽盖到小菇帽上去的时候，小菇帽上就好像敷上了一层粉。你心想："莫非是小栗茸都长霉了？"

可是，随后你会想起："这是孢子呀！"是的，这粉状的东西是老菇帽下撒下来的孢子。

如果你想吃栗茸，你就一定得熟知它们的一切特征。市场上，把毒蕈错认作栗茸是常有的事。有些毒蕈很像栗茸，也生长在树墩上。不过，这些毒蕈的蕈帽是没有领子的。蕈帽上也没有鳞片，蕈帽的颜色格外鲜艳，有黄的，有粉红的，帽褶或者是黄的，或是淡绿色的，并且，孢子是黑不溜秋的。

尼·帕甫洛娃

————➤➤➤❧ 林野专稿

候鸟纷纷飞往越冬地（待续）

从高空看秋

从天上俯瞰我们这广袤的国土，往往是人们的一种心愿。

秋天，乘气球升到空中，升得比高高矗立的森林还要高，比浮动的白云还要高——离地面大约三十公里吧。就是升到那么高，也看不见我们的国土疆界。但是，只要天气晴朗，没有云彩遮蔽大地，视野就会非常辽阔。

从那么高的地方往下俯望，会觉得我们的大地整个儿在移动：有什么在森林、草原、山峦和海洋的上面移动……

这是鸟。这是鸟群，无数的鸟群。

我们这里的鸟正离开故乡，一批又一批地动身，往越冬地飞去。

是的。是有些鸟留下来，像麻雀，鸽子、寒鸦、灰雀、黄雀、山雀、啄木鸟和其他一些小鸟，它们都不飞走。还有大个儿的鹰和猫头鹰。但就是鹰和猫头鹰这样的猛禽，冬天在我们这里也没有多少事可干，因为它们要捕食的鸟儿，大多已经离开我们这里了。候鸟从夏季末尾就开始起身，最先飞走的是春天最后飞来的那一批。候鸟陆陆续续地飞去，直到河水结冰为止。最后离开我们的，是春天最先飞来的那一批，譬如白嘴鸦呀，云雀呀，椋鸟呀，野鸭呀，鸥鸟呀，等等……

把自己藏起来

天一日日地变冷了，冷了！

美丽的夏季过去了……

血液都差不多要发冻了，动作也变得不很灵活了，老犯困呢。

尾巴长长的蝾螈在池塘里住了一夏，一次也没浮上水面来。而现在，它却爬上岸来，慢慢爬到树林里去了。在那里，它找到一个腐烂的树墩，就穿过树皮，钻到下面，蜷缩成一团，准备在里头过冬。

青蛙则相反：它们从岸上跳进池塘，沉到池塘底下，钻到淤泥深处。蛇和蜥蜴躲到树根底下，把身子埋在暖和的青苔里。鱼成群成群地挤到河床上，在那里找个深坑潜进去。

蝴蝶、苍蝇、蚊子、甲虫，都钻到树皮和墙壁裂口以及缝隙间藏起来了。蚂蚁堵上所有进出的门户，包括高层的全部出入口。它们爬到住宅的最深处，在那里紧紧挤在一起，挨成一团，就这样僵在那里，一动不动，开始了它们的冬眠。

饥饿难耐的时候到了。饿得不好受啊！

热血动物，禽鸟和野兽，它们倒不太怕冷。只要有东西吃进肚子里去，体内就会像生起炉子一样。可是，随着冬天的来临，能吃到的东西越来越少——饥饿，伴随寒冷到来了。

蝙蝠是靠吃蝴蝶、苍蝇和蚊子这些东西过活的，然而随着冬天的到来，蝙蝠吃不到它们了。于是，蝙蝠也只好躲起来，躲进了树洞、石穴岩缝和阁楼的屋顶下，用后脚抓住一样东西。把自己倒挂在那里。它们拿茶杯裹住自己的身体，就仿如严严实实裹在了一件斗篷里，就这样头冲下，睡了。

青蛙、癞蛤蟆、蜥蜴、蛇、蜗牛都躲起来了。刺猬躲在树根下的草窝里。

獾也缩在洞里，不出来了。

不同的鸟往不同的地方飞

鸟儿是从同一个温层飞往越冬地的——你们是这样以为的吧？其实，鸟群并不都是南翔去寻找越冬地的。不是的！

各种不同的鸟在不同的时候飞走。大多数鸟是在夜间起飞的，以为这样比较安全。而且，并不是都是从北方飞往南方去过冬的。有些鸟是秋天从东方飞到西方去。有些鸟正相反，从西方飞到东方去。我们这里有一些鸟，一直飞到北方去过冬！

我们的特约通讯员，有的给我们发来电报。有的利用无线电广播向我们报道：什么鸟往哪里飞；羽翼旅行家往越冬地飞，它们路途上怎么样啊。

自西向东

"切—依！切—依！"红色的朱雀在鸟群里这样交谈着。

早在八月那时候，它们就从波罗的海海滨，从圣彼得堡省和诺甫戈尔德省两地开始了它们的旅行。它们从容不迫地飞行，吃的喝的都不用愁，果腹的东西一路上都很容易找到，所以它们用不着慌。不像春天，它们都忙着赶回去筑窝、养育孩子。

我们看见它们飞过伏尔加河，飞过乌拉尔一座不高的山岭，此刻看见它们在巴拉巴那个西西伯利亚的草原上。它们不停地向东飞，向东飞，向日出的方向飞。它们从一片丛林飞到另一片丛林——巴拉巴草原上到处都是桦树林啊。

　　它们尽可能在夜间飞，白天休息、吃东西。虽然它们是成群结队地飞，而且群里的每一只小鸟都边飞边留神四周的一切，生怕会遇到什么不测，可是不幸的事还时有发生。往往是一个不留神就会被老鹰叼去一只两只。西伯利亚多的是猛禽，雀鹰、燕隼、灰背隼什么的，防不胜防。它们飞得太快了！当小鸟从一片丛林飞往另一片丛林的时候，不知要被那些猛禽捉去多少！夜里不是鹰们活动的时候，所以要好一些，当然，夜里有猫头鹰，但毕竟猫头鹰数量不多。

　　沙雀在西伯利亚拐弯，它们要飞过阿尔泰山脉和蒙古沙漠，飞到炎热的印度去，在那里过冬。在这漫长而又艰难的旅途上，它们，那些可怜的小鸟，有多少要成为猛禽的牺牲品啊！

自东往西

　　每年夏天，奥涅加湖上都要孵化出大群大群如乌云一般的野鸭，和大群大群如白云一般的鸥鸟，这是亘古不变的。

　　到了秋季，这些乌云和白云就要向日落的西边飞去。一群针尾凫和一群鸥鸟，动身向越冬地飞去。

　　来，让我们乘飞机跟在它们后面飞。

　　你们听见刺耳的啸声了吗？接着，很快就听见水的泼溅声，翅膀的扑棱声，野鸭绝望挣扎的呷呷声，鸥鸟的鸣叫声……

这些针尾凫和鸥鸟，本来是打算在林中湖泊上小憩的，哪晓得，这时遭到一只正在迁飞的游隼的袭击。它就像牧人的长鞭呼呼抽动空气一样，在往空中上升的野鸭背上闪掠过去；它那最后面的趾爪，锋利得简直就像一把弯弯的小尖刀，它就用这极具威慑力的利爪，冲破了飞行途中的野鸭群。

　　一只野鸭在它猛烈的袭击中负伤了，长长的脖子鞭子似的垂了下来，它没来得及掉入湖中，那动作迅捷的游隼，呼噜一转身，在水面上一把抓住了它，用钢铁般的嘴壳笃地一啄，就带去当午餐了。

　　这只游隼，真是野鸭群的丧门星啊！

　　它从奥涅加湖和野鸭们一同起飞，跟它们一同飞过圣彼得堡、芬兰湾、拉脱维亚……它肚子饱胀的时候，就蹲在岩石上或树枝上，冷冷地斜睨着鸥鸟在水面上飞掠，看着野鸭在水面上脚朝天头朝下地频频钻水，嬉戏着翻跟斗，瞅着它们从水面上飞起，麇集成队继续向西飞，向着黄球般的太阳朝波罗的海的灰色海水里沉落的地方飞。

　　但是，游隼的肚子一饿，它立马腾飞到天空中，迅速追上野鸭群，冲进去，逮出一只来充饥。

　　它就这样跟随着野鸭群，沿波罗的海的海岸、北海的海岸飞行，跟着野鸭群飞过不列颠岛。到了那里，这只羽翅恶狼，才放弃对它们的纠缠。

　　我们的野鸭和鸥鸟留在这里过冬。而游隼，只要它想，只要它乐意，它就跟上别的野鸭群和鸥鸟群向南飞，飞向法国，飞向意大利，越过地中海，向暑热的非洲飞。

向北，向北，飞向北方

北冰洋绵凫——我们做鸭绒的冬大衣用的，既轻又暖的那种鸭绒，就是从这种绵凫身上拔去的。绵凫在白海的堪达拉克沙禁猎区稳稳当当地孵出了它们的小绵凫。那个禁猎区已经进行了多年保护绵凫的工作。大学生和科学家给绵凫戴上脚环，把带号码的很轻的金属环套在它们的脚上，为的是要弄清楚禁猎区的这种鸟都飞到哪里去过冬，有多少绵凫回到禁猎区来，回到自己的老窝来，还有，为的是弄明白这些奇妙的绵凫的种种生活细节。

现在，经过数年考察，已经弄清楚，绵凫从禁猎区起飞，就差不多一直向北，向北，飞到阴郁灰暗的北方去，飞到北冰洋去，那里有格陵兰海豹，还有白鲸在沉闷地长声叹息。

白海不久就要整个儿被厚厚的一层冰覆盖起来，冬天绵凫在这里没有东西吃，所以它们飞到北方。在北方，水面一年四季不封冻，海豹和白鲸在那里捉鱼吃。

绵凫从岩石和水藻上啄软体动物吃。这些北方的鸟，只要能吃饱就行，它们从不挑肥拣瘦。北方的酷寒，无际无涯的汪洋，它们都无所畏惧。绵凫绒绒的冬衣披裹在身上，一丝儿寒气也透不进，是世界上最保暖的绒毛！更何况那里空中常有北极光，有巨大的月亮，有明亮的星星。尽管那里的太阳一连几个月都不露面，可这又有什么要紧呢？北极的野鸭，它们反正是觉得饱暖无忧，在那里自由自在地度过漫长的北极冬夜。

（未完待续）

林中动物收集储存粮食准备过冬
（秋季第二月）

十月秋

十月。

落叶。

泥泞。

初初出现的薄冰，向大地预告着冬天的来临。

鸟兽都在为过冬紧张忙碌着。

风带着浓浓的寒气，把最后一批枯叶扯落。阴雨连连绵绵，直下个不停。一只被秋雨打湿了羽毛的乌鸦蹲在篱笆上，孤凄、寂寞又无聊。它也快要动身了。在我们这里度夏的灰乌鸦已经悄悄飞向了南方。可同时，从北方却飞来了一批灰乌鸦——原来，乌鸦也是候鸟。在那遥远的北方，乌鸦跟我们这里的白嘴鸦一样，是春天最先飞去，秋天最后一批飞离的。

秋给森林脱下衣裳，这是它要做的第一项工作。它要做的第二项工作是让水一天天变凉变冷。越来越多的早晨，可以看见水洼子蒙上了一层薄脆脆的冰。水里，也像空中一样，活跃的生命越来越少了。那些夏天把水面点缀得鲜艳美丽的花儿，如今早已把自己的种子丢到了水底，把长长的花茎缩回到水下。鱼都游到水底深坑里。深坑里不结冰，它们准备在那儿过冬。

拖着长尾巴的、整个身子都十分柔软的蝾螈，在池塘里住了一个夏天，这会儿从水里钻了出来，上了岸，在树根底下的青苔里找到了它们过冬的地方。

不流动的水都冻上了。

陆地上有些动物体内的血本来是冷的，现在变得更冷了。昆虫、老鼠、蜘蛛、蜈蚣等等，都不知躲往哪儿去了。蛇爬到干燥的坑里，紧紧盘成一团，僵缩在地下。蛤蟆钻进了烂泥里。蜥蜴躲到树墩的脱落的树皮下，在那里开始冬眠了……

野兽嘛，有的穿上了暖和的皮外套；有的忙着把自己洞里的粮库装满；有的在为自己安排窝巢。

都在为过冬做准备呢……

户外，带着寒气的阴雨天是播种的天气，落叶的天气，阴郁的天气，泥泞的天气，朔风凛冽的天气，冷雨浇泼的天气，秋风把地上的枯枝败叶卷扫一空的天气。

准备过冬

天气还不算太冷，但是可不能因为天气不太冷而任性游乐啊！随着袭来的寒气，大地和水说冻就会冻上哦。待一切都封冻了，你还上哪儿找食去啊？到哪儿藏身去啊？

森林里，每一种动物都各按各的习性准备过冬。

该走离的走离，能鼓动翅膀飞往他地避寒寻食的，都走了。留下的，都为过冬而忙着备粮备荒，把仓库装得满满当当的。

短尾野鼠，它们搬运粮食一等来劲。许多野鼠直接在禾草堆里或粮食垛下挖掘过冬的洞穴，天天不停地从农人那儿偷粮食。

野鼠的每一个洞都有五六个小过道，每一个过道通往一个洞口。地底下还有一间卧室和几个储粮窖。

冬天，野鼠要到天气最冷的时候才睡觉。因此，它们有的是时间囤积大批的粮食。有些野鼠洞里，已经收集了四五公斤经过精选的谷粒。

这些小啮齿动物，是专门从庄稼地偷粮的贼。所以，我们得要多多防备它们，以免损害我们的收成。

白桦树上的小喇叭

我发现了由一截白桦树皮卷成的一个小喇叭，紧贴在树干上，样子奇妙得让人很想去探个究竟。一定是，有人在上端砍几刀，下端砍几刀，随手揭起一长条白桦树皮，走了。这揭口旁边的树皮就渐渐翻卷起来，慢慢卷成了一个喇叭形的树皮圆筒。这喇叭筒上下两头的口子往往是上大下小，干缩了以后，下头的筒口紧紧收拢，就封死了，而上边的圆口则朝天张开着。在白桦树林里，这种附贴在树干上的喇叭筒常常可以见到的，所以人们也就不会去留意它们。

可今天，我倒是要仔细端详端详，这样的喇叭筒里究竟有没有装什么东西。我在第一个卷筒里就发现了一个完好的核桃，牢牢嵌在卷筒底部。我找了根木棒去拨动它，还拨不出来呢。周围没长核桃树呀。这颗核桃怎么会落进这卷筒里的呢？

"十有八九，是松鼠藏在这儿的——它在这里储存它的冬粮呢。"我脑子里这么思忖着，"松鼠知道，这树皮筒会越卷越紧，这核桃就会牢牢卡在筒底，掉不下去了。"可后来我又猜想，这应该不是松鼠的冬粮，该是特别爱吃核桃肉的鸟，将这核桃从松鼠窝里偷来，扔藏在这卷筒里的。

定睛端详着我的白桦树皮卷筒，我还想探寻一下这核桃下边还有什么，不料，谁都想不到的，是一只蜘蛛，卷筒底部就网满了它细细的柔丝。

米·普里什文

啄木鸟

我看见一只啄木鸟，它的尾巴是短小的，所以显得身量也就短。它飞着，嘴里衔着一个大枞树的球果。

它在一棵白桦上停落——那儿有它剥开枞球果的作坊。它嘴衔枞球果，顺着树干向上跳到它经常去剥枞球果的地方。这时，它才忽然发现，它一向用来夹球果的枝桠分叉处还有一个吃空了的枞球果没扔掉，这样，它新衔来的球果就没地方搁置了——这可怎么办呀！它没法挪开原来那个旧的，因为嘴这会儿不空着。

这时候，啄木鸟完全像人在这种情况下应该做的那样，把新的枞球果紧紧夹在胸脯和树干间，用腾出来的嘴快快将空球果扔掉，然后再把新球果搁进自己的作坊，接着开始一下一下啄开它。

米·普里什文

松鼠的晒台

松鼠在树上有几个圆圆的洞窝。它把一个圆洞窝当作仓库，把林中收集来的坚果和球果，储藏在那里面。

另外，松鼠还采集了一些蘑菇，油蕈和白桦蕈。它把蘑菇穿在折断了的树枝上晒干。到了冬天，它就在树枝上跑来窜去，饿了，就回洞窝吃些干蘑菇当点心。

水老鼠的储藏室

水老鼠是短耳朵的挖地道专家。夏天的时候，它住在小河边的别墅里。它在别墅地下建了个住宅。从住宅房门口又往下斜着开了个通道，直通到河里。

秋寒时节，水老鼠又在离河边远些的地方，拣了个多草墩的草场，把自己安顿在一间冬季住宅里。这间冬季住宅的卧室，安排在一个很大的草墩下方，里面铺了柔软、暖和的干草，非常舒适。从这里又往外挖了几条百来步或更长的过道。有几条特别的过道把储藏室跟卧室连通起来。

储藏室里，放满了它从庄稼地里和菜园里偷来的谷物、豌豆、葱头、蚕豆、马铃薯等等，分门别类，按品种进行摆放，一切都有条不紊、井然有序。

活的储藏室

姬蜂为自己造了间奇妙的储藏室。它长有一对擅飞的翅膀，在向上卷曲的触角下生着一双敏锐的眼睛。一个细得惊人的腰，把它的胸部和腹部分成两截；在腹部的尾巴尖上，有一根缝衣针般的毒针，又细，又长，又直。

夏天，姬蜂找到一条肥硕的蝴蝶幼虫，扑上去，把尖针直刺进幼虫体内，在幼虫身上钻出个小孔眼来，接着就在那小孔里下个卵。

它留下卵，自顾自飞走了。幼虫很快就修补好姬蜂刺出的小孔，恢复了常态，继续吃它的树叶。秋天来临时，幼虫结了茧，变成了蛹。

这时，在蝴蝶蛹里的姬蜂幼虫，也从卵里孵出来了。在这坚固的茧里面，它感觉温暖又稳当。而蝴蝶幼虫的蛹，也就是姬蜂幼虫的食物——这食物的量足可以供它吃一年。

又一个夏天到来的时候，茧打开了，然而飞出来的不是蝴蝶，却是一只身腰修长的、黑红黄三色间杂的姬蜂。

姬蜂用这个办法杀死了许多有害的昆虫。

把储藏室建在自己体内

不少野兽用不着为自己建造专门的储藏室。它们自己的身体，就是储藏室。

秋天一来，它们就放开肚皮大吃特吃，几个月吃下来，吃得胖胖的，长出一身脂肪一身膘，这就是它们过冬的能量仓库了。

不是吗，脂肪就是过冬的养料储备。脂肪在皮下积蓄成厚厚的一层，等到野兽没有什么可以用来进食的时候，脂肪就像养料透过肠壁一样，渗到血液里去。血液透过自己的循环系统输送到全身去。

整个冬天都在酣睡的熊啊，獾啊，蝙蝠啊，以及其他大小不等的野兽，都是这样的。它们把肚皮填塞得满满的，然后，倒头大睡，直到来年春天醒来。

脂肪还可以使这些动物保持足够的体温，不让寒气渗到身体里面去。

→»» 林中要闻

青蛙惊慌失措了

池塘被冰封住了，池塘里的居民也就都被困在冰层下面了。但是，后来冰又突然融化了。农人们决定清除池塘底部的淤泥。它们从底下挖出一堆污泥，就走开了。

太阳烈烈地烤晒着这泥堆。泥堆就冒起团团的水蒸气来。忽然，一小团淤泥拱动起来，又有一小团淤泥拱动起来：这一团团淤泥离开泥堆，沿地面接连翻滚。这是怎么回事儿？

有一团淤泥伸出一条小尾巴，不停地在地面抽动。它抽动着，抽动着，扑通一声掉回池塘的水里去了！

接着第二团跟着跳进了水里！

再接着第三团也跟着跳进了水里！

而另一小团淤泥，却伸出小腿儿，从池塘边跳开了。奇妙得太不可思议了。

不，这不是小泥团，是一些浑身糊满烂泥的活鲫鱼，和一些活蹦乱跳的青蛙。

它们本是钻在淤泥里过冬的。农人们把它们连同淤泥一起掏上了岸，太阳热辣辣的光把这堆烂泥持久地烤晒，晒得鲫鱼和青蛙都苏醒过来了。它们一醒，就咚咚咚跃动起来，鲫鱼蹦回了池塘，青蛙去找个清静的地方，免得睡得迷迷糊糊的，再被人给挖出来。

这不，几十只青蛙，像是都商量过似的，朝一个方向跳去了——晒场和大陆那一边，另外还有一个池塘，比先前那一个还更大些，并且也更深些。

青蛙已经跳到大路上了。

但是，时到秋天，太阳的温热的抚爱是不可靠的。

乌云飘过来，把太阳遮住了。在乌云下吹来了寒冷的北风。光赤着身子的小旅行家们冷得受不住，使出全身的劲来跳了几下，就倒在了地上。

它们的叫麻木了。

它们的血凝固了。

它们不多会儿就僵住了，不会动弹了。

青蛙们再也跳不动了。所有的青蛙都冻死了。

所有的青蛙，头都朝一个方向，朝着大路那边的大池塘。那个大池塘里有的是救命的暖和的淤泥——但是它们到不了那里了。

贼从贼那里偷冬粮

长耳猫头鹰的狡猾在森林里是出了名的，它偷窃的本领也是出了名的。

然而就有那么一个贼，竟把长耳猫头鹰的冬粮给偷了。

长耳猫头鹰的模样粗看起来，跟雕鸮模样没什么两样，就是略小一些。嘴巴像弯钩，头上的羽毛耸起，眼睛大而圆。不管夜色黑到什么程度，这双眼看什么都能看得一清二楚，耳朵听什么都能听个分明。

野鼠在枯叶堆里钻道，窣窣一响，猫头鹰就已经飞到它跟前去了。笃的一声，老鼠就被抓到了半空中。小兔子在林间空地上窜过，这个夜强盗已经飞到了它的上空。笃的一声，小兔子就已经在它的利爪中挣扎了，眨眼间成了它的美餐。

长耳猫头鹰把啄死的老鼠拖回自己的树洞里去。它自己不吃，也不给别人吃。它留着，冬天找不到东西吃的时候才用来填肚子。

白天，它呆呆地蹲在树洞里，守着它储藏的东西，夜里飞出去巡猎。它时不时回它的洞里看看，看它的猎物是不是有谁来动过。

猫头鹰忽然发觉，它储藏的东西似乎少了。这位洞主人的眼睛可尖得非比寻常，它虽然不会数数，但是它会用眼睛测算。

天黑了。猫头鹰肚子饿了。肚子提醒它出去巡猎。它回来时，树洞里几只老鼠全没了，只见树洞底有只比老鼠稍大的东西在起伏着蠕动。

它想抓住那只小野兽，可是小野兽早已蹿过下面的一条裂缝，眼看就要不见了。

小兽嘴里叼着的，正是一只老鼠！

猫头鹰立即追了过去，几乎要追上了，但它定睛细一瞧，就不去抢回那小兽嘴里的老鼠了。原来这小偷是比它还凶猛的小野兽——伶鼬！伶鼬专靠偷窃和抢掠他人的储物为生。它个头虽小，然而却勇猛又灵活，敢于到猫头鹰这里来虎口夺食。要是猫头鹰被它一口咬住胸脯，那就休想挣脱。

好可怕啊……

树叶都掉光了，森林看起来就稀稀朗朗的了。

一只小野兔趴在矮树下，把身子紧紧贴着地面。只有两只眼睛怯生生地在那里东张西望。它好害怕呀。周围老鼠窸窸窣窣响个不停……是老鹰在树枝间扑腾翅膀吗？是狐狸的脚爪把树叶踩得沙沙响吗？

这只小兔子的毛色正在变白，于是灰一块白一块，两色间杂着。而从树上落下的树叶有黄色的，也有红色的和棕褐色的，于是森林的地面变得五色斑斓。

这换毛的日子对于兔子的隐身，是最不利的时节——万一猎人来了，可怎么办啊？

跃身逃跑吗？往哪儿跑呀？枯叶像铁片一般在脚下嗖嗖索索地乱响。就连自己的脚步声也能把自己给吓疯了！

小白兔趴在矮树下，把身子尽可能深地蜷缩进青苔里，贴在一个白桦树树墩上，连粗气都不敢出，一动不敢动，光是两只眼睛滴溜溜地转动着，惊惊惶惶地东张西望。

好可怕啊……

红胸小鸟儿

夏季里的一天，我在树林里走，听见茂密的草丛里有什么在跑动。起初我心里害怕，后来我开始仔细察看。只见一只小鸟被草茎绊住，出不来了。这是只生来身个儿就小的小鸟，通身灰色，只有胸脯是红色的。我拿起它，带回了家。它让我欢喜得不得了。

我把它喂养在家里，给它吃面包屑。它吃了点东西，就兴奋起来。我给它做了个笼子，又专门去捉了些小虫子喂它。它在我家里住了一个秋天。

有一天，我离家出去玩，笼子没关好，我家的猫就把这小鸟吃掉了。

我很爱我的小鸟，我还难受得哭了一场。可是一点办法也没有了。

本报通讯员　奥斯塔宁

星鸦之谜

我们这边的一片树林里，有一种乌鸦，比普通的灰乌鸦略小些，通身像星星一样布满了白色小斑点。我们这里的人叫它星鸦。

星鸦采集松子。它把采集得来的松子藏在树洞和树根底下，准备冬天吃。

冬天，星鸦从这个地方游荡到那个地方，从这片树林飞到那片树林，饿了就吃几颗松子，享用自己储藏的美食。

　　它们吃的是自己储藏的松子吗？并不是。

　　每一只星鸦所吃的，都不是自己所储藏的松子，而是它们的同族收藏的冬粮。它们飞到一片它们从来没有到过的树林，马上开始寻找别的星鸦所储备的松子。它们偷窥所有的树洞，总能在树洞里找到松子吃。

　　藏在树洞里的松子比较容易找。而别的星鸦藏在树根底下和矮树林底下的，就不容易找了。冬天，整个大地都被覆盖了皑皑白雪，还怎么找呢？然而星鸦有它们的办法，它们飞到矮树林边，扒开矮树林下的雪，总能够准确地找到别的星鸦藏在那里的松子，绝对错不了。周围高树矮树千百棵，它们怎么晓得这棵树下藏着松子呢？是凭什么记号找到的呢？

　　这一点我们不知道。我们得用巧妙的办法来试验，来观察，弄明白星鸦到底是用什么办法，在茫茫雪野里，准确地找到别的星鸦储藏着的松子的。

树上的猎人

　　有两个猎人，他们是朋友。一个叫亨泰，森林里生，森林里长，一辈子都在森林里过。另一个则生在城里，长在城里，只是在休假的日子里来找朋友，到森林里打打猎，玩玩。

　　那是秋季的一天，城里的猎人来约亨泰到森林里去打猎。

亨泰和城里的猎人朋友一同来到一块林中空地上。

时近黄昏，太阳渐渐落到森林后头去了。

森林里一片寂静。

"哎，你听……"亨泰说。

突然，从森林里传来一个声音，急促、低沉而粗浊。这是一头大个子野兽的嚎叫声。城里来的猎人一听，吓得直哆嗦，浑身汗毛都竖了起来。但是他硬挺着，装出一副不在乎的样子。

亨泰知道这种时候该怎么做。他掏出一管白桦树皮做成

的喇叭，紧贴嘴唇，吹出像野兽叫声同样沉闷的声音。他这是要把野兽给引出来呢。

果然，随着喇叭的吹响，野兽循声而来。

野兽越走越近。

这时，城里的猎人听见一个笨重的大家伙从密林里挤出来，一根根树枝被压断，接连发出嘎巴声。

一个长着扁平鼻子的头先探出来，接着是一张比铲子还宽的脸伸出来。

哦，原来是一头驼鹿。

别慌，最好是等一会，等它

走到开阔地看仔细了再开枪。可是，这个城里人缺乏经验，他沉不住气，透过树枝匆匆开了一枪。从枝叶间穿过的子弹，只打掉驼鹿的一块角。

驼鹿顿时怒不可遏，向两个猎人猛扑过来。两个猎人扔下枪，慌忙爬上大树。城里人爬的是一棵白桦树，亨泰爬上了一棵歪脖子罗汉松。

驼鹿跑到白桦树下，眼看用它的大角抵（dǐ）不到树上的猎人，就气呼呼地用硬蹄拼命刨地。

刨着刨着，白桦树根露出来了。驼鹿用它斧子似的蹄沿刨断了树根。

白桦树晃动起来，开始往地面倾倒。

猎人知道这树一倒，自己准就没命了，因为一掉到地上，驼鹿三下五除二就会把人踩死了。

好在猎人运气好，这白桦树倒下时，紧紧地靠在了亨泰躲着的那棵罗汉松上。亨泰伸手把朋友抓住，扶他爬上了自己的那棵树。

然而驼鹿又来到罗汉松下，依旧用老办法，用它的蹄子刨地。

亨泰从兜里掏出烟袋，一边给朋友递烟叶，一边说：

"抽口烟吧。"

"这大家伙都要刨倒罗汉松了，咱们眼看命都保不住了——还抽烟！"朋友说。

"死不了，"亨泰说，"你放心抽吧。没事的，你看树根

在哪里？"

　　驼鹿就在两个人坐着的树枝下头刨，而树枝是像弯曲的手臂一样长长地斜出来的，驼鹿刨的地方离树根很远。

　　驼鹿狂躁地刨，刨啊刨啊，刨了一夜，罗汉松下的地被刨出了很大一个坑。它就没想到换个地方去刨——畜生到底是畜生，就是笨！

　　最后，驼鹿累得撑不住了，这才不得不恶狠狠地喷了一下鼻子，呼哧了一声，仿佛是在说："算你们今天命大！"

　　它快快地离开了。

　　两个猎人爬下树来，捡起猎枪，回家了。

候鸟纷纷飞往越冬地（续完）

鸟类迁飞之谜

为什么秋天到来时，有些鸟往南飞，有些鸟往北飞，有些鸟往西飞，而一些鸟则往东飞？

为什么有些鸟的迁飞时间在天寒地冻、漫天飞雪、无处觅食时，不得不离开时，才恋恋不舍地离开自己的出生地，而另一些鸟，譬如雨燕，在它们还四处都能找到食物时，就按迁飞时间表，一到该离开的时候，就毫不犹豫地离开？

重要而又重要的问题是，它们凭什么会知道，应该飞往何方越冬，按什么路径飞才能准确地飞往越冬地？

真是值得咱们好好来探究：这在莫斯科或圣彼得堡城郊的蛋壳里孵出来的鸟，竟会知道该飞往南非和印度去过冬！我国西伯利亚一带，有一种翅膀特别健壮因而特别擅于远翔的小个子游隼，竟知道从西伯利亚起飞，飞向遥远的澳大利亚，在那里只待很短的时间，等咱们这里的严寒时节一过，等咱们这里一有春意，它们就立即匆匆启程，飞回西伯利亚。

其实不这么简单

既然翅膀生在鸟身上，那么，它们爱往哪儿飞就往哪儿飞吧，这不是很简单的事儿吗？

这几天，天气转冷，挨饿的日子即将开始了，那就张开它们的双翼向南飞一段路，飞到暖和些的地方去。那儿天气也冷起来了，就再飞一段路，飞得更远些。随便飞到一个气候相宜、食物丰富的地方，就可以留下来过冬。

其实不这么简单！

不知为什么，我们这里的朱雀一直飞到印度去；西伯利亚的游隼经过印度河几十个适于过冬的热带地方，一直飞到澳大利亚去。

这样看来，促使我们这里候鸟飞越山峦，飞越海洋，不远几千里飞到遥远的地方去，并不仅仅是由于饥饿和寒冷这样一个简单的原因，而是鸟类的一种不知由来的、相当复杂的原因，无法摆脱的、难以克制的感觉。但是……

大家都知道，在远古时代，俄罗斯大部分地区都曾经屡遭冰河的袭击。死僵僵的沉甸甸的冰河，以它们排山倒海之势，慢慢地，用了几百年的时间，盖住了我们的大片平原，后来又慢慢地，再用几百年的时间，退却了。后来又再流过来，一路上席卷了所有的生物。

鸟类靠它们自己的翅膀拯救了自己。

头一批飞走的鸟，占据了冰河边的地域，下一批飞得更远些，就仿如玩跳背游戏那样。等冰河退却的时候，被冰河从温暖的窝里挤走的，又飞回了它们的故乡。飞得不远的，最先飞回来；飞得远些的下一批飞回来；飞得更远些的，再下一批飞回来——这一回，跳背游戏的顺序倒了个个儿。这种跳背游戏玩得很慢很慢，几千年才跳一次！很可能，鸟类就是在这时间的巨大间隔里，养成了一种获得性习惯：秋天，在天气要冷起来的时候，离开自己的出生地，离开自己的窝巢；春天，太阳温煦地照耀大地的时候，再飞回那里去。这样一种习惯可以说是深入骨髓，也就永久保留了下来。因此，候鸟每年从北往南飞。而在地球上没有过冰河期的地方，即没有大批的候鸟，这个事实，也就证明了上面的这种科学推测。

其他一些原因

秋天，候鸟离开我们这里，并不都南翔去温暖的地方，也有些鸟类是向别的方向飞，甚至向北飞，向最寒冷的地方飞。

有些鸟仅仅是因为我们这里的大地被深雪所笼盖，水被坚硬的冰封闭起来了，它们没有东西吃，才不得不离开我们这里。所以只要我们这里一有地方融了雪，化了冰，我们这里的白嘴鸦、椋鸟、云雀等等就都很快飞回来了！所以只要我们这里的江河湖泊上有地方冰化雪消，鸥鸟和野鸭就都马上飞回来了。

绵鸭是怎么也不能留在坎达拉克沙禁猎区过冬的。因为冬天一到，白海就很快封上了一层厚厚的冰。它们不得不往北飞，因为往北的一些地方，譬如墨西哥湾暖流流过的地方，那里的海水一年四季都不封冻。

冬天，你如果离开莫斯科向南驶行，那么用不了多长时间就能到乌克兰，在那里，你可以看到白嘴鸦、云雀和椋鸟等等鸟类，它们在我们这里的人看来是留鸟，只不过是飞到稍远些的地方去过冬而已，其实，它们确实是留鸟。须知，有许多留鸟也并不是总待在同一个地方，它们也在迁飞。只有城里的家雀、寒鸦、鸽子和森林中、田野间的野鸭，是一年到头住在同一个地方的。其余的鸟，都或远或近要迁飞他地。那么，根据什么判断哪一种鸟是真正的候鸟，哪一种鸟只不过是在冬天时做了些距离不等的移栖呢？

就说朱雀吧。这种红色的金丝雀，就很难说它是移栖的。黄鸟也是一样。灰雀飞到印度去过冬，黄鸟飞到非洲去过冬——这才叫真正的候鸟呢。不过使黄鸟和灰雀成为候鸟的原因，似乎跟大多数候鸟的成因不同。并不是因为冰河的侵袭和退却，才使它们成为候鸟，而是别的什么原因。

你仔细观察观察母灰雀，它好像是一只普通的家雀，但其实是不一样的：头和胸脯是血红的。更令人觉得不可思议的是黄鸟：它浑身上下都是纯金色的，一对翅膀黑黑的。

你不由得会想："这些鸟的服装多鲜丽啊！在我们北方，它们是异乡鸟吗？它们是来自遥远的热带地方的小客人吗？"

很像是，非常像！

黄鸟是典型的非洲鸟，灰雀是典型的印度鸟。也许原因是这样的：在遥远而又遥远的年代里，这些鸟类发生了过剩的情况，因此，年轻的鸟不得不去为自己寻找新的栖居地，孵育小鸟，繁衍后代。于是，它们开始向鸟类住得不是太拥挤的北方迁飞。夏天，在北方不冷，裸身的小鸟儿都不会感冒，于是它们就在北方过夏天了。等到天气冷起来，也吃不饱了，那时候再回它们的热带故乡去。在热带故乡，它们孵出了雏鸟，自成一个族群，和睦团结，彼此相容，生活得很快乐。到春天，再飞往渐渐变暖的北方去。像这样飞去飞来，南翔北飞，暑去寒回，过了几千几万年……

于是就养成了一种深入骨髓的移飞习惯：黄鸟往北飞，经过地中海飞到欧洲去；朱雀从印度往北飞，经过阿尔泰山脉，飞到西伯利亚，然后再接着往西飞，经过乌拉尔群山，再往前飞。

对于迁飞习惯的形成，还有一种假定是这样：原因是某种鸟类逐渐适应了新的做窝地。就拿灰雀来说吧，就可以说是，最近这几十年，我们眼看着这种鸟越来越往西迁移，一直迁移到波罗的海的海边。冬天一到，它们还仍旧回它们的印度故乡去。

这种种关于迁飞习惯的产生的假设，也能向我们说明一些问题。不过，关于迁飞习惯的形成问题，还有不少没有破解的谜。

一只小杜鹃的简史

在我们城市的附近，在泽列诺郭尔斯克的一座花园里，有一个红胸鸲的家庭。这只小杜鹃就出生在这个鸲鸟家庭里。

不问你们也知道，它怎么会独独一个出生在一棵老枞树根旁边的一个舒适的窝里。不问你们也知道，这只小杜鹃给它的红胸鸲养父养母带来了多少烦劳、惦念和不安。而且这种操心操劳的事，一直要到把这只比它们大三倍的馋鬼喂养大了，才算到头。

有一天，花园管理人走到它们的窝旁，拿出已经生出羽毛的小杜鹃，仔细看了看，又放了回去，这可把它的养父母吓得差点儿昏死过去。花园管理人发现，在小杜鹃的左翅膀上，一个由白羽毛构成的斑点，已经很明显了。

小个儿的红胸鸲千辛万苦，好歹把它们的养子给养大了，但是小杜鹃飞出窝以后，还是一见它的养父母就张大红黄色的大嘴巴，沙哑着嗓门死皮赖脸地要东西吃。

十月初，园里的树木多数都光裸了。只有一棵老橡树和两棵老槭（qì）树还没有落尽色彩鲜艳的叶子。这时，小杜鹃不见了。这只小杜鹃是最晚离开我们这儿森林的——成年杜鹃早在一个月前，就已经飞离了。

这年冬天，这只小杜鹃和我们这里的其他杜鹃一样，是在南非度过的。那是夏天飞到我们这里来的杜鹃的出生地。

今年夏天，就在不久前，我们的花园管理人看见一棵老枞树上停着一只母杜鹃。他怕它来破坏红胸鸲的窝，就拿气枪把它打死了。

这只杜鹃的左翅膀下，正有个清晰的白色斑点。

迁飞之谜破了些，有些还没有破

关于候鸟迁飞的起源研究，也许我们的假定是有意义的，但下面这些问题该怎么回答呢？

1. 候鸟的迁飞路程，往往达到几千公里。它们怎么会认识这条路呢？

人们可能会以为，秋季里，每一个迁飞的鸟群里，都至少会有一只老鸟，率领着年轻的鸟，沿着它熟悉的路线飞行，从做窝地准确无误地飞往越冬地。现在却观察到了这样一个毋庸置疑的事实：在今年夏天刚从我们这里孵出的鸟群里，连一只老鸟也没有。我们看到有些种类的鸟，年轻的比年老的先飞走；而有些种类的鸟，则是老鸟比年轻的鸟先飞走。但无论是前一种情况还是后一种情况，年轻的鸟反正都能在规定的日期飞达越冬地，不会发生任何差错。

这也太不可思议了——老鸟的头脑就那么一点点儿大，就算是这小小的脑子能记住几百几千公里的路程吧，可雏鸟呢，它们两三个月前才从蛋壳里蹦出来，它们绝对没有见过世面，它们怎么能不依赖老鸟而独立地认识这条路呢？这真让人绞尽脑汁也想不明白了。

就拿我们泽列诺郭尔斯克的那只小杜鹃为例吧。它怎么会找到杜鹃在南非过冬的地方呢？所有的老杜鹃，都几乎比它早一个月动身飞走了，所以定然没有老鸟来给那只小杜鹃引路南飞。杜鹃是一种不合群的、性格孤僻的鸟种，从来不结成团队，甚至在迁飞的时候都是单个飞行。小杜鹃是红胸鸲养大的，而红胸鸲是飞往高加索去过冬的鸟。这就让人想不明白——它是怎么能飞到南非去的呢——南非是我们北方的杜鹃世世代代过冬的地方啊？而且，它飞去以后又是如何回到红胸鸲把它从蛋壳里孵出来、哺育它长大的那个鸟窝里来的呢？

2. 年轻的鸟怎么会知道它们应该飞到哪里去过冬呢？

亲爱的《森林报》读者们，你们得好好去研究一下鸟类迁飞的奥秘问题。说不定，你们也还不能揭开这个秘密，那么，就把秘密再留给你们的孩子去破解吧！

要破解这个谜，首先需放弃如"本能"这类可以裹卷许多疑难的词汇。得想出无数个巧妙的试验来做，并且要旷日持久地孜孜（zī zī）不倦地做下去，要彻底弄明白：鸟类的智慧和人类的智慧有什么不同？

林野专稿

令人费解的事情

我们这里发生了一件令人百思不得其解的事。

一个放牛的孩子从林边牧场上跑回来，边跑边大声嚷嚷：

"小牛叫野兽咬死了！"

农人们都"啊——"一声惊叫起来，挤奶的妇女们甚至号啕大哭起来。

被咬死的，是一头我们这里最逗人喜欢的小牛，它还在展览会上得过奖哩。

大家都即刻扔下手头的活儿，径直往林边牧场上奔，得赶快去看个究竟。

牧场上，只见一头小牛僵僵地躺在树林边上，一个僻静的角落里。它的奶头已经被咬掉了，脖子挨后颈的部位，也给咬出了小洞眼，其他倒也都完好。

"是熊咬的。"对野物有丰富经验的谢尔盖说，"熊就这样，咬死就扔下了。它要等发出臭味了，才来吃。"

"是这样的。"对野物同样很有经验的安德烈说，"毫无疑问，是这样的。"

"大伙儿先散了吧！"谢尔盖说，"咱们在这棵树上搭个棚。熊过会儿不来，那么明天夜里准来。"

这时，大家才想起第三个对野物有丰富经验的人，塞索依·塞索依奇。他个儿小，刚才虽然也挤在人群里，却都没注意到他。

"你也跟我们一起搭伴蹲守吧？"谢尔盖和安德烈异口同声地问。

塞索依奇没有吭声。他绕到一边去，仔细查看地上留下的痕迹。

"不。"他说，"熊不会到这里来的。"

谢尔盖和安德烈耸了耸肩。

"你爱怎么说，就怎么说吧！"

大伙儿散去了。谢尔盖和安德烈也走开了。

谢尔盖和安德烈砍了些树枝，在附近的松树上搭起了一个棚子。

这时，他们看见塞索依奇又来了，带着枪，还有他的猎狗——红霞也跟着来了。

他一来，就又察看小牛周围地面上留下的痕迹，不知为什么还仔细看了一阵旁边的几棵树。

随后迈步走进树林。

那天晚上，谢尔盖和安德烈两人猫在棚子里蹲守着。

蹲守了一夜，也没见什么野兽来。

又蹲守了一夜，还没有守出什么名堂。

第三夜，野兽还没来。

谢尔盖和安德烈两人守得失去了耐心了。他们这样交谈起来：

"可能有什么小线索，我们没注意到，而塞索依奇注意到了。让他说着了，熊不来了。"

"那咱们去问问？"

"问问那头熊？"

"干吗问熊啊！问塞索依奇！"

"咱们也没招儿了，也只好去问他了。"

他们去找塞索依奇。塞索依奇刚从树林里回来。

　　塞索依奇进门，把口袋往墙角一撂，随即擦起枪来。

　　"让你说着了。"谢尔盖和安德烈说，"你是对的，熊没有来过。这里面的道理，你倒是说给我们听听。"

　　"你们听没听说过，"塞索依奇问他们，"熊只啃掉了牛的奶头，而扔下肉一点不吃的？"

　　谢尔盖和安德烈两人你看看我，我看看你，是啊，熊是不会这样闹着玩的。

　　"你们看过地上的脚印了吗？"塞索依奇接下去追问他们。

　　"看过。脚印很大的，都能有二十五厘米宽。"

　　"爪子很大吗？"

　　这一问可把两个人全问住了。

　　"爪子印倒是没留意。"

　　"这就是了！要是熊脚印，一眼就可以看见脚爪印的。那么，你们倒是说说，有哪一种野兽走路的时候，是把脚爪收缩起来的呢？"

　　"狼！"谢尔盖连想也没想，随口就把"狼"字冲出了口。

　　塞索依奇只干咳了一声。

　　"好个脚印专家啊！"

　　"胡扯！"安德烈说，"狼的脚印跟狗差不离，只是稍稍大一点，稍稍窄一点。猞猁！猞猁走路才往上收起爪子。猞猁的脚印，才是圆不溜秋的。"

　　"对的！"塞索依奇说，"咬死小牛的，是猞猁，咱们这里管它叫大山猫。"

"说着玩儿的吧？"

"不信，你们自己往口袋里看。"

谢尔盖和安德烈急忙跑到口袋跟前，三下两下把系在袋口的带子解开，里面是一张红褐色的大山猫皮。

瞧，事情再明白不过了，咬死我们小牛的就是它！那么，塞索依奇是怎样追上猞猁，怎样结果了它，这就只有他和他的红霞知道了。他们知道，可他们不说，他们谁也不告诉的。

猞猁袭击一头牛，这种事情是十分罕见的，可是偏偏我们这里就碰上了。

黑　狐

雅库齐森林里来了一只狐狸。是只黑狐。

黑狐很罕见。黑狐的皮比其他颜色的狐皮要卖得起价钱。

所有的猎人都像疯了似的，松鼠不打了，连黑貂也不打了，狩猎就奔这只黑狐，紧紧追踪它。

黑色的皮毛在雪地里非常显眼。黑狐狡猾透顶，你打枪，它就不让你打中，你用捕兽器捉它，压根儿就没门。

许多猎人都放弃了猎黑狐的努力，依旧去打松鼠、打黑貂、打其他野物去了。

就一个犟小伙子死死盯牢黑狐不放。

他说："不拿住它，我觉睡不着，饭吃不下。"

就他一人继续追踪黑狐，不把黑狐弄到手，誓不罢休。

黑狐有它的高招：小伙子追它，它就跟随他在森林里兜圈子，一步一步踩着猎人的脚印走。猎人走到哪里，它就跟到哪里。

年轻人着实不笨，他知道黑狐有多狡猾。

"好吧，"他想，"咱们玩，看谁玩得过谁。我在我走过的小路上布上捕兽夹，布上自射器。我让你跟我走，跟我，小亲家，我就逮住你。"

年轻人这么想，就这么做。

他在小路上布上捕兽夹和自射器，然后用积雪埋好，再拉开一条线，线的一端在自射器上系牢，线的另一头横过小路在矮树林里拴住。

他在小路上走起来。他走，黑狐跟着他走。

他跨过拉线往前走，跟着他亦步亦趋的黑狐也跨过绷在小路上的线。

兜了一圈又一圈，兜了一圈又一圈。小伙子的腿都累得发软了。他这一发软不打紧——一脚钩着了自己绷在小路上的线。

啪嗒，自射器放出了一支箭，射中了他的脚踝。他只好一点一点挪着爬回家。他在床上躺了一冬，一冬都在床上哼哼着，连声叫疼。

黑狐跑得无影无踪了。

森林在梦乡里听到了冬的前奏曲
（秋季第三月）

十一月秋

十一月。

年的一只脚已经跨入了冬天。

十一月是九月的孙子，十月的儿子，十二月的兄长。

十一月树林里尽是落光了叶子的树，像在大地上插满了大钉子；十一月的江湖都铺上了冰，像搭起了宽宽桥。十一月骑着有斑纹的马去巡游大地：地上不是雪就是烂泥，不是烂泥就是雪。十一月是一个挺有能耐的铁匠，它在自己不算宽敞的工场上打造枷锁，一副副的枷锁能把辽阔的俄罗斯全都铐起来。

秋天开始做第三件事——它去把森林还没脱光的那层衣

服全剥落下来，给水戴上镣铐，又甩开雪被把大地蒙起来。这时，人在树林里走，会感觉很不舒服，树木黑沉沉的，光溜溜的，被雨水从头到脚淋了个透透湿。河上的冰亮晶晶的，可要是你伸腿儿踹它一脚，它就咔嚓嚓全裂开了，要立足不稳，那就得掉进去尝尝冷冰冰的滋味。所以，翻犁过的地都盖上了雪被，都不再生长了。

　　不过，再怎么说，现在还不是冬天，还只是冬天的前奏。几个阴天以后，又会出一天太阳。所有生物见到太阳出来，看它们那个高兴哟！放眼望去，这儿从树根下钻出一群群黑色的蚊虫，往天空飞去，那儿脚边开出一朵朵金黄色的蒲公英、款冬花，呵，它们还都是春天的花哩……但是，树木已经进入酣眠状态，要没知没觉地睡一个长长的冬天，直到来年春天，它们才又会醒来。

　　看伐木工人扛着锯进了森林——伐木的季节到了。

→»»✧ **林中要闻**

冬来时森林里也不是死寂一片

　　冰冷的寒风横冲直撞。落光了树叶的白桦树、白杨树和赤杨树，在寒风中剧烈地晃动着，吱呀吱呀响个不停。

　　最后一批离林动身迁飞的候鸟，急不可耐地与家乡告别。

我们这里的夏鸟还没有完全飞走，迁来我们这里的越冬的客鸟已经来临了。

　　鸟的习性是各不同的。你看吧，有的飞往高加索、外高加索、意大利、埃及和印度去过冬；而有些鸟却宁愿在我们的省区内过冬。在我们这里，冬天，它们觉得很暖和，吃的东西也很多。

飞　花

　　湿地上成片成片的赤杨，将黑魆魆的枝丫伸向天空；树枝上没有一片树叶，地面上没有一根青草。一副苍凉的气象！太阳软塌塌的，很难从乌涂涂的云层后面露出脸来。

　　让人意想不到的是，生长着赤杨的湿地上，在阳光的照耀下，飞舞起了许多快乐的花儿。五色缤纷的花儿大得出奇——有白生生的，有红艳艳的，有绿茵茵的，有金灿灿的。有的落在赤杨树枝上，有的粘在桦树的白色树皮上，俨然是些彩色的光斑在闪闪烁烁，有的坠落在地上，有的在空中旋舞，绚烂的翅膀频频颤动。

　　它们用芦笛般美妙的乐音相互呼应着。它们从地面飞上树枝，从一棵树飞向另一棵树，从一片小树林飞进另一片小树林。

　　它们究竟是什么？

　　它们是从什么地方飞来的？

北方飞来的鸟儿

这些小鸣禽，是我们随冬而来的客人。它们是从遥远的北方飞来的。它们中间，有些是红胸脯的朱顶雀，有些是灰不溜秋的太平鸟——它们的翅膀上有五道红羽毛，像是向上撑开的五个手指，头上有一簇冠毛，有些是深红色的松雀，有些是绿色的母交喙鸟和红色的公交喙鸟。它们中间，还有金绿色的黄雀，黄羽毛的小金翅雀，还有胖嘟嘟的红胸雀。我们本地的黄雀、金翅雀和灰雀，全飞集到较为暖和的南方去了。上面说到的这些鸟，都是在北方做窝的鸟：北方现在冷得让它们受不了，倒觉得我们这儿还蛮温暖呢。

黄雀和朱顶雀靠吃赤杨的籽儿和白桦的籽儿过日子。太平鸟和灰雀吃山梨和其他浆果。交喙鸟吃松子和枞树籽儿。它们都吃得饱饱的。

东方飞来的鸟儿

低矮的柳树丛林间，突然开出一朵朵白玫瑰花儿。这些玫瑰花是美丽的小鸟。这些白玫瑰似的鸟儿，在柳树丛中飞来飞去，在树枝间不停地转悠，用它们细长的黑色钩爪，一会儿这儿扒扒，一会儿那儿抓抓。它们那花瓣儿一般的小白翅膀，在空中不住地扑扇着，翔舞着。它们边飞边啼，空中飘洒着它们轻柔的欢叫声。

这是白山雀，又叫天青鸟。

它们不是从北方飞来的，而是从东方——从那寒风呼啸的西伯利亚冰雪地带，飞越乌拉尔连绵的群山，飞到我们这儿的。那里早已是冬天了，矮小的杞柳统统都被埋在深深的积雪里了。

到睡觉的时候了

乌云密密匝匝的，把太阳全遮掩住了。空中坠落着湿漉漉的灰雪。

一只胖獾不知为什么气呼呼的，它一边瘸着颠着朝自己的洞口走去，一边哼哼唧唧地埋怨森林里又阴湿又泥泞。该是钻到洞里睡觉的时候了——它的沙土洞可干燥了，可整洁了，躺在这样的洞里懒懒地睡上一冬，该有多舒服啊！

一种叫樫（jiān）乌的小乌鸦，在丛林里打架，浑身的羽毛湿淋淋，一根根支棱起来，闪烁着咖啡渣的颜色。它们放开喉咙大叫着。

一只老乌鸦在树梢头蹲着。它忽然一声大叫。原来，是看见了远处有一具野兽的尸体。它鼓起锃亮锃亮的黑色翅膀，闪电般飞了过去。

森林里一片寂静。灰蒙蒙的雪花，沉重地坠落在发黑的树木和褐色的土地上。地上的落叶在一天天腐烂。

雪越下越大，越下越猛。大朵大朵的雪花像鹅毛般飘落下来。大雪把黑色的树枝妆成玉树琼花，也给大地披上了银装……

我们这里的河流，像伏尔加河呀，斯维尔河呀，涅瓦河呀，严寒一来，它们就都封冻了。最后，连芬兰湾也结上了厚厚的冰。

摘自少年自然科学家的日记

最后的飞行

十一月的月末，当寒风把雪吹卷成了堆，忽然，天气倒变暖和了。开始，雪并没有化。早晨我到外面去散步，看见雪地上——灌木也好，树木间的大路也好——都飞舞着黑色的小蚊虫。它们有气无力地从下面一棵矮树的地方飞升起来，飞成一个半圆圈，然后侧着身子落在雪地上。

午后，雪就渐渐融化了，树枝上啪嗒啪嗒掉下融雪来。一抬头，融化的雪水就会滴进你的眼睛里，或是一片又冰又湿的雪尘，忽然洒在你的头脸上。这种时候，往往会有成群成群的小蝇子不知打哪里飞来，夏季那时节，我从来没见过这种小蚊虫和小蝇子。小蝇子飞得很低，几乎贴着了地面，它们飞得还真带劲哩。

到傍晚，天气又转而变得阴冷了，那时小蚊虫和小蝇子就不知躲哪儿去了。

本报通讯员　韦里卡

貂紧紧尾追松鼠

松鼠逐松果而到处游走，如今浪迹到我们这儿的森林里来了。

它们原来的北方居住地，松果不够吃了。今年北方的果实结得不多。

松鼠蹲在松树上，东一只西一只地啃着松果。它们用后爪抓住树枝，用前爪捧住球果啃咬。

一只球果从松鼠的脚爪中滑落到雪地上。松鼠心疼那松果，气呼呼地叫着，从一根树枝跳到另一根树枝上，蹦到下面去了。

松鼠在地上蹿跳着，蹦跶着，后腿轻巧地那么一撑，前脚上下那么一托，再继续蹿跳着，蹦跶着。

从一个枯枝堆里，露出一团黑不溜秋的毛皮和两只敏锐的眼睛……吓得松鼠甚至把寻觅球果的事都忘了。它往近旁一棵树上一跳，顺着树干飞快地爬上去。从枯枝堆里跳出一只貂，跟在松鼠后面追上来了。貂也飞快地顺着树干往上爬。松鼠吱吱叫着，麻利地蹿上了树梢儿。

貂顺着树枝追了上去。松鼠一纵身，就跳到另一棵树上去了。貂像蛇一样，把自己的身子缩成一团，背脊高高拱成弧形，也耸身飞跳过去。

松鼠沿树干飞跑。貂跟在它后面，也沿着树干飞跑。松鼠的身子轻捷灵巧。然而，貂的身子更灵敏。

松鼠跑到了树顶，没法儿再往上逃了。邻近也没有可落脚的树了。

貂眼看就追上它了……

松鼠从一根树枝跳上另一根树枝，然后蹦到下方一根树枝上。

貂也紧追不放。

松鼠在树枝梢头跳来跳去。貂在粗一些的树干上追。松鼠跳啊跳啊跳啊，跳到了最后一根树枝上了。

下面是地，上面是貂。

再没有逃脱的办法了。它奋身一跳，落到了地上，想接着往另一棵树上跑。

到了地上，松鼠可就不是貂的对手了。就这样，松鼠没能逃过貂的利爪……

夜间出没的强盗

我们这儿的森林里来了一个夜间盗贼。

然而我们却极不易见到它，因为夜间太黑，压根儿发现不了它。而白天又不能把它从积雪中分辨出来。它是北极地带的林间居民，因此，它身上的服装就同北方终年不化的白雪的颜色一般。我说的是来自北极的雪鸮（xiāo）。

雪鸮的个头跟猫头鹰相差无几，只是气力稍逊于猫头鹰。它以各种大小鸟类为食，也吃老鼠、松鼠和兔子。

它的故乡是苔原，那里现在冷得要命，小野兽差不多全部都躲到洞里去了，鸟儿也飞往暖和的地方去了。

饥饿把雪鸮逼到我们这里来，寻找充饥的野物。它是要在这里过冬了，到明年春天再回家。

你去问问熊吧

熊总把自己冬眠的住宅选在低洼地带，甚至就安置在泽地上，安置在繁茂的小枞树林里，以抵御冬季刺骨的寒风。但是，如果这年的冬天不是冷得特别厉害，常常间或出现融雪天，那么所有的熊都会毫无例外地把越冬的熊穴选在高地，或者丘坡上。这种现象是经过许多代猎人证实的。

这个道理不难明白，因为熊害怕融雪天。融雪天里，要是有一股融化的雪水流到它的肚皮底下，而后忽然天气又一冷，雪水就会迅速冻结起来，会把熊那层毛茸茸的皮外套给冻成铁板，那时情形就糟透了——它再也顾不上睡觉，只能跳起身来，满森林里奔窜，活动活动血脉，把身上弄暖和再说！

但是，熊如果冬天没有安静地躺下来睡觉，过多地活动身子，那就会把身上储藏着准备过冬的热量消耗尽了，那就不得不用吃东西的办法来补充热量、增加气力。但是冬天，熊在森林里可找不到任何充饥的东西。因此，如果它预见到这年冬天暖和，它就给自己挑选个高一些的地方做窝，免得融雪的冰水打湿它的皮大衣。这个道理是很容易明白的。

然而，它又是根据什么来做判断，根据什么来预知这年冬天暖和还是严寒呢？它们为什么早在秋天就能十分准确地做出决断：该把过冬的窝做在沼泽地上，还是做在丘坡上？这我们还不知道。

请你钻进熊洞里去，问问熊吧！

啄木鸟的打铁场

我们家菜园后面种有许多老白杨树和老白桦树，还有一棵很老很老的枞树。枞树上挂着数枚球果。一只五彩的啄木鸟飞来，想吃这些球果。

啄木鸟落在树枝上，用长嘴啄下一个球果，接着顺树干往上一蹦一跳爬上去。它把球果塞进一条树缝里，开始用嘴啄它。它把球果里的籽儿啄出来，然后就把空球果扔掉；再去采另一枚球果，它把第二枚球果照样塞在那条树缝里；又采了第三枚球果，还是塞在那条树缝里……啄木鸟就像这样一直忙活到天大亮。

本报通讯员　列·库伯莱尔

六条腿的马

有经验的猎人都知道，白额大雁有好奇的脾性。猎人还知道，白额大雁比其他鸟警惕性都高。

一大群白额大雁停落在离河岸一公里的浅水沙滩上。那里，人走不过去，也爬不过去，连坐车也过不去。白额大雁把头藏在翅膀底下，缩起一只脚，安安稳稳地睡大觉。

怕什么呢？它们放了警惕性很高的岗哨在一旁的！

这一群雁的每一侧面，都布有一只老雁在站岗。老雁不睡觉，也不打瞌睡，它们全神贯注地扫视四面八方。在这种情况下，你倒是试试怎样来个防不胜防？

猎人盯上了雁群。

猎人走过来，猎枪的枪筒长长的，从他的肩膀后头露出来，身边颠儿颠儿地跑着一条杂种卷毛狗。

猎人向四周环视着。半明半暗中，他望见了雁群。他站住了，从肩上取下枪来，又从腰间解下装着面包的口袋。他把口袋扔在沙地上，小心翼翼地把猎枪搁到口袋上。狗马上蹲下，守望着主人的东西。

猎人在附近找到一块木片，很快在沙地上挖了个坑，用沙将坑围了起来。然后，他把海潮冲上来的树枝呀，木棒呀，枯草呀，统统都捡了来，用它们堆成一个瞄准射击用的掩体，免得让白额大雁发觉。

猎人往枪里上好子弹，然后在掩体里埋伏好。他吹了声口哨，把狗叫到自己身边。现在，从倾斜的沙岸上看过来，既看不到人也看不到狗了。

这时，天渐渐放明了。猎人埋伏在掩体里。

大群大群的候鸟，时不时鸣叫着飞向远方。

猎人肚皮贴在掩体里，只能看见前面的东西，所以也就没有发现从他后面的树林里飞出来一只大苍鹰。大苍鹰两扇尖尖的翅膀在空中一闪而过，眨眼间藏进了孤立在沙嘴上的一棵松树的枝叶丛中。

用羽毛把自己装饰起来的猎人，埋伏着，等待着自己的猎物。

在斜坡上，埋伏着的猎人听到了鸟群的喧嚣声，狗立即从掩体里跳了出去，它刚想在沙地上蹲下来，只见从掩体里扔出一小块面包来，擦着它的鼻子飞过。狗马上去追面包。它刚抓住要吞下呢，又一块面包从掩体里扔了过来，落在离它几步远的沙地上。狗又跑过去把那块面包捡起来。

从掩体里飞出的面包，在远处是看不见的，所以候鸟们看见这狗在沙地上来回疯跑，就弄不明白这是为什么。

白额大雁钻到水里，游向岸边。它把头转过来转过去，好奇地注视着这只跑来跑去的狗。

面包一块接一块地从掩体里扔出来，扔向各个方向，饥饿的狗依然为了寻找面包而来回奔跑着。从掩体的一个缺口里，冷不丁伸出一支枪筒来。但是白额大雁没有看见枪口已经对准了它，所以它还直对着狗看，想看出个究竟来。最后，枪口瞄准了白额大雁的胸部。

猎枪始终准准地对着白额大雁，阳光在明亮的枪筒上闪烁。这明亮的闪光落到白额大雁眼中，引起了它的猜疑。

恐惧压倒了好奇。白额大雁立即飞离水面往后转，回到雁群中去。

猎人在掩体里连声骂娘，野物又从他手中滑脱了：白额大雁已经飞出了他的视野。

猎人急忙抓起枪和口袋，大踏步向树林走去。狗夹着尾巴，在他身后紧紧相随。

躲在水草中的白额大雁看着敌人走进了树林。

太阳从西边落下去了。

白额大雁又在夜色中睡去。梦中，它的肩头忽然被撞了一下，于是它醒了。它很快把脖子从翅膀下舒展开来，睁开双眼。头几秒钟，它什么也看不见。四周一片漆黑，雾更浓更稠了，有一种黏糊糊的感觉。海浪的溅拍声妨碍它辨别其他的声音。

接着它又被撞了一下，这下撞在了它的胸口上，差点儿把它撞倒。这时，就在耳边传来它熟悉的叫声。

"唢！"白额大雁拼尽全力大叫起来。

黑暗中，前后左右都传来同样的叫声。

"唢！唢！唢！唢！"白额大雁们纷纷叫起来。

第二天，白额大雁们降落在村外的一块越冬庄稼地里。白额大雁们四散开来，啄吃地里的嫩苗。只有两只年长的白额大雁站着一动不动。它们站着，脖子伸得长长的，挺挺的，毫不懈怠地警惕着，守护着四散的雁阵。

白额大雁们啄吃着嫩苗。但是一传来"咯——咯——咯——"的警报声，它们就立即忘了饥饿，小心地向四下巡望。周围没有发现什么可疑的迹象。不错，是有一匹马从村子方向慢慢踩着碎步走来。看来，拴它的缰绳被它挣脱了：它脖子下还晃着那截绳子哩。但是白额大雁不怕马——要是马背上不骑人的话。

附近没有人影。

白额大雁又啄吃起嫩苗来。

其他白额大雁也都平静下来。

担任警卫的白额大雁"咯咯"地叫得更响了。

白额大雁看见，那担任警卫的白额大雁定定地望着那匹走近的马。它怎么也弄不明白，为什么马会让警卫白额大雁这么心神不安。这一次，所有的白额大雁都聚拢来。雁群密密匝匝地簇拥在一起，所有的白额大雁都注视着那匹走来的马。现在白额大雁感觉到一种莫名的不安了。

警卫雁越看马，越觉得奇怪：它看出来这马似乎有六条腿，于是它心里发怵了，害怕起来。最后，警卫雁从地上飞起，飞到这六腿动物身边，绕了一圈。

雁群在等警卫雁回来报告侦察结果。警卫雁往回飞了半路，就立即折转身，发出撤离的信号。

雁阵喷喷地叫起来，嚯嚯地扇动着翅膀，紧随领头雁慌忙飞了起来。

那躲在马后的猎人闪到一旁，拿枪瞄准雁群，追在后边放了一枪——砰！但是白额大雁们及时接到警报，它们已经飞远了。

雁群得救了。

乡村消息

我们的主意比它们多

一场大雪过后，我们发现，老鼠在积雪底下挖了一条地道，直通到我们苗圃的小树跟前。瞧，老鼠有多狡猾！但是我们对付老鼠的办法也很多：我们把每棵小树周围的积雪都踩得硬硬实实，这样，老鼠就不能钻到小树跟前来了。有些老鼠钻到了积雪外面，它们经受不住严寒，很快就冻死了。

兔子也常到我们的果园里来，撕吃果树的树皮。我们也想出了应付的好办法：我们把所有的小树都用稻草和枞树树枝包裹起来，捆扎好，这样，兔子就只能干瞪眼了。

季麻·布罗多夫

棕褐色的狐狸

养兽场建起来后，来的第一批牲畜是棕褐色的狐狸。一大群人跑来欢迎兽场的新居民。连学校里的孩子也都跑来看了。

狐狸用疑惑的、怯生生的眼光，打量着欢迎它们的人。只有一只狐狸满不在乎地打了个哈欠。

"妈妈！"一个在白头巾上扣了一顶无檐小帽的小男孩大声说，"可别把这只狐狸围在脖子上，它会咬人呢！"

尼·帕甫洛娃

侦察兵

城市花园和墓地里的那些灌木和乔木，都需要人去保护。但是树木的敌人却是人类所难以对付的。因为树木的敌人都很小，并且很狡猾，不容易被发现。园丁们盯不住它们，只得找一些侦察兵来帮忙。

　　帮助园丁们的这些侦察兵，常常可以在城市果园和墓地上看见。

　　它们的首领，是"帽子"上有红帽圈的色彩斑斓的啄木鸟。啄木鸟的嘴活像一根长枪。它用嘴啄到树皮里去。它不时大声向鸟儿们发出号令：凯克！凯克！

　　跟随啄木鸟飞来的有凤头山雀，就是头上扣一顶尖尖帽的那种；有大眼泡山雀，就是后帽子上插了根短钉的那种；有莫斯科山雀，就是浑身浅黑色的那种。随啄木鸟来的还有旋木雀。旋木雀穿着浅褐色外套，嘴像锥子那样尖利；还有䴓鸟，它穿着天蓝色的制服，翅膀是黑色的，胸脯是白色的，腹部是褐红色的，嘴像短剑一般锐利。

　　啄木鸟发号令说："凯克！"

　　䴓鸟马上跟着重复啄木鸟的命令："特弗奇！"

　　山雀们回答说："崔克！崔克！崔克！"

　　于是，整群山雀就都干起活来了。

　　侦察员们迅速行动，占据树干和树枝。啄木鸟啄着树皮，频频伸出尖利而又坚实的舌头，从树皮里钩出蛀虫。䴓鸟围着树干向下转来转去，看见哪条树皮缝隙里有昆虫或幼虫，就把它锋利的短剑嘴刺进去。旋木雀在下面的树干上奔跑，用它那弯弯的小锥子戳着树干。所有的山雀都动员起来，在树枝上乐颠颠地兜圈子。它们向每一个小洞和每一条小缝里窥探，没有一条小害虫能逃过它们尖锐的眼睛和灵巧的小嘴。

森林开始熬冬，动植物开始越冬
（冬季第一月）

十二月冬

十二月。

冰雪把大地封冻，冻成漫无边际的冰板。

十二月是一年的结尾，而冬季则从这个月开始。

现在没有水的事了，连汹涌的河流都被冰封住了。大地和森林都盖上了雪被。太阳躲到厚厚的云层后面去了。白昼一天比一天短，黑夜一天比一天长。

积雪下面掩埋着多少尸体啊！一年生植物按节气长起来，开花了，结果了，然后枯败了——它们重新变成了它们所用来生长的泥土。一年生动物，那些无脊椎小动物，也都按时令过完了它们的一生，然后化为尘埃。

但是，植物留下了种子，动物产下了卵。到一定的时候，太阳又将用热吻来唤醒它们，就像《睡美人》童话里所说的英俊王子那样。

太阳是无所不能的，它将从泥土重新创造出生命物体来。那么，那些多年生的动物和植物呢？它们有办法保护自己的生命，平安地度越漫长的北方冬季，直到来年的春天又降临大地。不过要知道，十二月的冬季，还没有完全显示出它的威猛和峻烈来！

太阳还是要回到人间的。太阳回来时，生命又都将复活。

眼前，得把冬季挺过去。

——»»》﹣ 冬天的书

整个大地铺上一层又一层的皑皑白雪。

如今，田野和林间空地像一本摊开的大书的书页，平平展展的，没有一丝儿皱褶；那么洁洁莹莹，没有一个字。要是谁此时此刻在这上面走过，就会写上"××到此一游"，告诉人们这行字是谁写下的。

白天下了一场雪。雪停了后一看，写在雪地上的字不见了，又重新变成一面洁白的书页。

早晨，你来看看这雪地，你会发现洁白的书页上印满了各种各样神秘的符号，一杠一杠的，一点一点的，有逗号，有省略号。这说明，夜间，有各种各样的林间居民来过这里，它们在这里走动，蹦跳，还看得出，它们都干过些什么事。

是谁到过这里？它们干了些什么事？

得在还没有再次下雪前分辨出这些符号，念完这些神秘的字符。不然，再来一场大雪，你眼前又会只是一页干净洁白的大纸，仿佛是谁来把书翻了一页。

该怎么读

在冬天这本书上，每一个林中居民都签上了自己的名字，各有各的笔迹，各有各的字符。人只能用自己的眼睛来分辨这些笔迹。不用眼睛，还能用什么呢？

然而，动物跟人不一样，它们能用鼻子嗅。就拿狗为例吧，狗用鼻子闻闻冬天书页上的字，就会读出："这里有狼来过"或者"刚才一只兔子从这儿跑过"。

走兽的鼻子学问可大了，它们绝不会读错的。

谁用什么写

大多数走兽是用脚写字的。

有的用五个脚趾写，有的用四个脚趾写，有的用蹄壳子写。有时候，也有用尾巴写的，用鼻子写的，用肚皮写的，反正各种不同的动物用不同的东西来写。

鸟儿们也是用脚和尾巴来签自己的名字的，也有的用自己的翅膀来签写。

楷体字和花体字

我们的通讯员，多年来学会了读冬这本书。他们从这本冬书里读到了林中发生的各种各样的大小事件。他们掌握这些科学知识并不容易，这是因为林中居民并不都是常用正楷签字的，有的签字时，喜欢玩玩自己的新名堂。

灰鼠的字迹很好辨认，也容易记住。它在雪地上玩跳背游戏，跳得很带劲。它跳的时候，短短的前腿撑住地，长长的后腿向前腿伸出好大一截，同时宽宽地叉开。所以，前腿的脚印就小小的，并排印出两个圆点儿；而后腿印下的印迹，长长的，离得很开，好像两只小手掌，伸着纤细修长的手指头。

野鼠的字迹小是小，可非常简明，很容易辨认。它很有心计的，从雪底下爬出来的时候，往往是先绕个弯，兜个圈子，然后再朝着它要去的方向快快跑去，或者回到自己的洞里。这样一来，雪地上留下了一溜儿的冒号，冒号和冒号间的距离是均衡的。

鸟儿们签下的字，就说喜鹊签下的字吧，也很容易辨认。它的前脚趾留在雪地上的字，是"十"字形的，后面的第四个脚趾头是一个短短的破折号；小"十"字形的两旁是翅膀羽毛划下的油光光的弧形，好像手指印在雪地上那样。有些地方的雪地上还会留下尾羽参差的尖稍扫过的痕迹。

这些签字笔迹都是工工整整的，没有花哨，一眼就能看明白：这印迹是一只松鼠从树上爬下来，在雪地上蹦跳了一阵，又回到树上去了；这印迹是一只老鼠从雪底下钻出来，兜上几个圈子，再重又回到雪底下去了；这印迹是喜鹊落下来的，在硬实的积雪上跳了一阵子，尾巴在积雪上抹了一下，翅膀在积雪上扑了一下，随后就飞走了。

而狐狸和狼的笔迹，你倒是去辨认辨认看！你要是没有在雪地上看字迹的足够经验，那你就立刻陷入一片谜团之中。

小狗和狐狸，大狗和狼

狐狸的脚印很像是小狗的脚印。它们的不同只在于，狐狸把脚掌收作一团，几个脚指头紧紧并拢。狗的脚趾是舒展在雪地上的，因此，它的脚印就浅一些，不太那么硬实。

狼的脚印则很像是大狗留在雪地上的脚印。它们的差别也只有这一点：狼的脚掌由两边往里作些收缩，因此，狼脚印比狗脚印长一些，略微端方些，匀秀些；狼脚爪和狼掌上那几块小肉疙瘩，在雪地上压得深实些。狼的前爪印和后爪印之间的距离，比狗的大一些。狼的前爪印，在雪地上往往拢成一团。狗脚印上，生在趾头上的小肉疙瘩并在一起，紧紧合拢，而狼不是这样的。

这是一本"看图识字"读本。

一串串一行行的狼脚印特别难读，因为狼总要把自己的脚迹弄乱，留些谜团在雪地上。狐狸也是这样。

写在雪地上的书

野兽走来走去，把脚印留在雪地上。那些脚印并不是一下子都能弄清楚的。

左边，那矮树林下面出现的是兔子的脚印。后脚留下的脚印是长条形的，前脚留下的脚印是小圆形的。兔子的脚印多半留在旷野间。右边，是另一种野兽的脚印，要略大一点，雪地上留下它锋利爪子的深痕，这是狐狸的脚印。而兔子脚印的另一边还有一串脚印，是狐狸留下的，只不过这只狐狸是向后跑的。

兔子在旷野里兜了个圈子，狐狸也跟着兜了个圈子。兔子的脚印向另一方向引伸，狐狸也跟着。两串脚印在旷野中不见了。

瞧，在另一边又出现了兔子的脚印。一下不见了，一下又出现了……

兔子走着，走着，后来突然不见了，就像是钻进了地里！在兔子脚印消失的地方，留下一个乱糟糟的雪窝，四面有一条条光滑的痕迹，仿佛是人用指头去抹过油似的。

狐狸哪儿去了？

兔子哪儿去了？

我们来看脚印。

这是一座矮树林。这里的树皮被撕开，挂了下来。矮树下留下许多踩踏的脚印，还伴有泥污。这是兔子的脚印。这只兔子吃嫩叶吃树皮，显然，是它的肚子饿了。它用后腿站立起来，用牙在这里撕下一块树皮，在嘴里嚼细，走了几步，那里又撕下一块树皮。吃饱了，想睡觉了。它边跑边找，看是到哪儿去躲着睡觉最合适。

再来看，这狐狸的脚印，就在兔子的脚印近旁。事情准是这样：兔子睡了，睡了一个钟头。狐狸在旷野里走动。它发现：地上有兔子的脚印！狐狸的尖嘴于是挨贴到地面，走着，嗅着。

它马上闻出来：这脚印是刚留下的！

它沿着脚印追寻。

狐狸狡猾，可兔子也不笨。兔子把自己的脚印搞得乱乱的。它在旷野里一蹦一跳，拐了个弯，兜了个大圈，然后穿过自己的脚印，往一边跑了。

兔子的脚印先是从从容容、不慌不忙的，在没有觉察有

灾祸追随着它时，它的步态是平稳的。

狐狸追呀追呀，它看出拐弯处的脚印是新鲜的。它没有猜到兔子兜了一个大圈。

狐狸追踪新鲜的脚印，拐弯，从侧边跑呀追，追呀跑，突然，脚印没有了，这下还往哪儿追？

其实，这是兔子的又一个新花招。

兔子兜了个圈，穿过自己的脚印，往前走一段，又顺着自己的脚印往后走。兔子这回走得很小心，很仔细，每一步都踩着原来自己留下的脚印。

狐狸走着走着，接着往回走。

又走到脚印交叉的地方。

它随着兔子的脚印兜了一个圈。

它走呀走呀，看出兔子在蒙骗它，引它上当，它不知道该往哪个方向才能找到兔子！

它打了个响鼻，就进森林干它自个儿的事情去了。

事情就是这样：兔子在同一串脚印上走了两次，向前一次，又踩着自己的脚印往后走一次。

它在没有兜完一个圈的时候，就钻进并穿过一个雪堆，从另一个方向跑掉了。

它跳着穿过矮树林，接着就在一堆干树枝底下悄悄躺着。

它躺在那里，一直躺到狐狸循着它的脚印找来。

　　等到狐狸走远了，就一下从干树枝堆下跳出来，钻进了密密的树林。

　　兔子能跳着跑，能跳得很远，它跳着跑的时候，后脚一下下都碰到前脚，这时候留下的脚印就是飞奔的脚印。

　　它飞奔起来，人眼都看不清楚。路上有树桩。兔子偏身一绕，就过去了。可在树桩上……

　　在树桩上蹲着一只大雕！

　　大雕一见是兔子，马上飞起，追上了兔子；一追上，就用它那双铁钩般的利爪去钩兔子的脊背！

　　兔子一头钻进了雪地，大雕扑过去，一对大翅膀在雪地上啪啪扑扇，把泥污都扇了起来。

　　兔子钻进积雪的地面，就留下一个乱糟糟的雪窝。大雕翅膀每一下拂扇，都在雪地上留下痕迹，那些痕迹就像人用手指去抹过油那般光滑。

兔子飞奔着，很快钻出了森林。脚印就不见了。

狼的狡智

狼在森林里走动或小跑的时候，它的右后脚总是准准地踩在左前脚踏出的脚印里，左后脚总是细心地踩在右前脚踏出的脚印里。因此，在泥地上、在雪地上，它的脚印是单行的，是一直线的，仿佛是一条绳子绷在地上，似乎它是顺着一长条绳子走动或小跑的。

当你看着这样的一行脚印，你会这样解读："有一只沉沉实实的狼，打这里走过去了。"

但其实，你错了。

对这行留在地面的脚印，你得这样读才对："有五只狼打这儿走过去了。"走在头里的一只是聪明的母狼，后面跟着一只老公狼，尾随的是三只小狼。

它们走的时候，后面一只狼的脚总是不左不右、不前不后踩在前面那只狼的脚印上，而且是非常准确而整齐的，让你看了绝然不会想到这竟然会是大小五只狼的脚印。

一定得把你的眼练得尖锐些，这样才能在雪地上辨别出狼的动向，从而在银砌的兽径上追踪它们。

树木越冬记

严寒会把树冻死吗？

当然会的。

如果一棵树整个儿冻透了，连树心都结上了冰，那树自然就是冻死了。在咱们俄罗斯，要是冬天特别冷，而且雪又下得少，那就会冻死不少树，自然，首先被冻死的是那些幼嫩的树。

好在树有对付冬寒的招术，它们有办法使寒气透不进身体内里去，让自己的树心保持温度。要不然，所有的树都会冻死，冻得一棵不剩。

汲取营养，生长发育，传宗接代，所有这些都得消耗大量能量和热量。所以，树木整个夏天都在积蓄越冬需要的能和热，冬天一到，它们就不再汲取营养，不再生长发育，不再把能量消耗在繁衍后代的工作上。

它们停止活动，沉入了睡眠状态。

树叶呼出大量的热。所以，树木一旦感觉冬天来临，就都很快抛掉树叶！树木抛掉树叶，毫不犹豫地放弃它们，就是为了把维持生命所不可或缺的热能，保存在自己的身体里面。再说，树枝上的树叶掉到地上，就开始腐烂，腐烂也会发热，对娇嫩的树根能起到保护的作用，使之不被冻坏。

还有呢！树木越冬着实有它们的高招哩！每一棵树都有一副铠甲以保护植物，活的植物肉质层抵御寒冷的侵袭。每年，整个夏天，树木都在它树干和树枝的皮层下储存木栓组织，那是一种僵死的间层。木栓不透水，也不透空气。空气滞留在它的气孔中，挡住树木活动机体中的热不外泄，不散发掉。树的年龄越大，它的木栓层就越厚，因此，老树、粗树的抗寒能力就比干细枝嫩的小树强。

树木抵御寒冷不只有铠甲。如果严寒终究把这层铠甲也穿透了，那它会在植物的活肌肉中遇到一道可靠的化学防御线。冬季来到前，树会在树液里积蓄起各种盐类和变成糖的淀粉。盐类和糖的溶液，具有很强的抗寒能力。

但树木最后的防护寒冷的设备，是松软的雪被。大家都见过，细心的园丁们把小果树弯到地面，用雪把它们埋起来，这样，小果树在雪被下就暖和多了。在多雪的冬天，白雪像一床硕大无朋的鸭绒被，把森林覆盖起来；树木只要有雪层护暖，就是再冷的天气，也不用害怕了。

不管严寒的冬天有多暴烈，它也摧毁不了咱们北方的森林——摧毁不了！

咱们森林里树木棵棵都是好样儿的，它们能抗住一切暴风雪的袭击。

➞➞➣✿ 林中要闻

缺少见识的小狐狸

小狐狸在林间空地上，发现了几行老鼠写在地上的小楷字。

"啊哈，"它心里想，"我这就去吃掉它！"

它也不好好用自己的鼻子读读这几行字，弄清楚是谁来过这里，而只是潦草地瞅几眼，就作出判断，以为这几行字是通往矮树林里去的。就到矮树林里去吧，准能找到吃的。

它这么想着，就蹑着脚往矮树林走去。

它看见雪里有个小东西在那里蠕动。这小家伙毛灰、尾短。它扑上去，一举抓住小东西，随即就一口咬下去——咔嚓！

弗尔尔尔尔——呸！

怎么这样臭啊！恶心死了！它忙不迭吐出咬进嘴里的小兽，跑到一边去吃雪……雪或许能把嘴里的臭味涮掉些。啊呀，那气味可太难闻了。

就这样，小狐狸到口的早餐没吃成，还白白断送掉一只小兽的性命。

原来那只小兽不是老鼠，是鼩鼱。

鼩鼱也就远看很像老鼠罢了。近看，那是一眼就能辨认出来的：鼩鼱的嘴脸是长长的翘出来的，背脊总是躬着。它以虫为食，跟田鼠、刺猬是近亲。凡有经验的野兽，都不会去碰这臭东西的，因为它有一股十分强烈的近似麝（shè）香的气味，可刺鼻呢。难闻极了。

骇人的脚印

我们《森林报》的通讯员在树下发现了一串脚印。脚印这么长，长得简直让人一看就发怵。脚印本身倒是不大，也就跟狐狸脚印差不多吧。但是爪印那个长啊，那个直啊，就活像是铁钉。要是谁给这样的脚爪抓上一下，五脏六肺都得被揪出来。

通讯员小心翼翼地顺着脚印走去。他们走到一个大洞跟前。洞口的雪地上散落着一些细毛。他们仔细研究了一番。细毛是直直的，硬硬的，有弹力的，毛的颜色是白的，尖端是黑的。这是人们用来做毛笔的那种毛。

他们马上明白了，住在这洞里的，是獾——它是一种阴郁的动物，不过倒不是我们预感到的那样骇人。大概是洞里太阴冷，洞外要暖和些，所以它出来走走，溜达溜达，暖暖身子。

茫茫雪海下

冬季才到来，雪下得不多，对于荒野和森林里的野兽来说，这是最难熬的日子了。地面光秃秃的，冻土越来越厚，什么吃的都找不到。地洞里阴冷得厉害。在这样的日子里，连习惯于在地下居住的鼹鼠都要受罪了——冻土坚硬得像岩石，它的爪子虽可与铁锹相比，但挖起这样的冻土来也费劲极了。鼹鼠都这么难，老鼠、田鼠、伶鼬、白鼬这些动物又该怎么办啊？

盼啊盼啊，总算盼来了一场大雪。大雪下呀下呀，直下个不停，也不再融化了。茫茫一片干燥的雪海，把整个大地笼盖起来，人站在这雪海里，厚厚的积雪没到了膝盖。榛鸡、黑琴鸡，连松鸡也都埋在积雪里，甚至看不见它们的脑袋了。老鼠，田鼠、鼩鼱之类不冬眠的穴居小兽，全都从地下住宅里钻了出来，在雪海底下窜来窜去。肉食的伶鼬不知疲倦地在雪海里忽而钻到东，忽而钻到西，就跟小个儿的海豹一般。有时候，它跳出来，在雪海的海面上待上一阵，左张右望，看有没有榛鸡什么的从雪海里探出脑袋来，接着又一个猛子扎回雪海的海底去。它就这样诡秘地在雪下钻动，直到逮到鸟填饱自己的肚子为止。

雪海底下比雪海面上要暖和得多。冰冷的风和严冬的寒气都灌不进雪海里去。这厚厚的一层固体水，挡住了酷冷和严寒，不叫寒冷接近地面。许多穴居的鼠类就干脆把自己越冬的窝直接筑在雪层底下的地面上，俨然是出洞来到冬季别墅里避寒。

万想不到的是，还有这样的事儿！有一对短尾巴田鼠用细草和兽毛做了个小小的窝，就搭架在一棵盖着雪的矮树上。田鼠呼出的丝丝热气，就从它的窝里轻轻地冒出来。

在这厚雪下暖和的小窝里，有几只刚出世的小田鼠嫩娃娃，身上光溜溜的，眼睛都还没有睁开呢！而那时外面冷到什么程度了？——零下二十摄氏度！

雪怎么爆了呢

我们的通讯员好久没揭开这个谜团：这雪地上的脚印究竟是谁留下的，曾发生过怎样一个事件？

起先看到的兽蹄印小而窄，步子稳稳当当的。这行字不难读懂：有一只母鹿在树林里走动，它丝毫没有意识到自己会顷刻间大祸临头。

　　突然，这些蹄印旁边出现了大脚爪的印迹，随即，母鹿的脚印就显出蹦跳、逃窜的样态。这也是不难读明白的：一只狼从密林里发现了母鹿，就向它身上飞扑过去。

　　而母鹿一撒腿，闪身从狼身边逃走了。

　　再往前去，狼脚印离母鹿脚印越来越近，越来越近，狼逼近母鹿，眼看就追上母鹿了。

　　它们前头倒着一棵大树。

　　到了大树旁边，两种脚印就几乎不能分辨彼此了。看来，母鹿在危急关头纵身跳起，飞越过了大树干，狼紧接着也在它后面纵身跳起。

　　树干的那一面，有个深坑，坑里积雪被搅得乱七八糟，抛起的脏雪溅向四面八方，看着，就像是雪底下有个炸弹轰然爆开过。

　　这个炸坑旁边，分明可见母鹿的脚印和狼的脚印分别跑向了两边，而当中不知从哪里出现了一种很大的脚印，很像是人的光脚板留下的印迹，只是它们显然不是人的脚印，因为脚印前头有可怕的、弯弯的利爪印痕。

　　这雪底下埋着颗什么样的炸弹？这可怕的新脚印是谁的？狼和母鹿为什么要分开，往不同方向跑？这里发生了什么事件？

我们的通讯员苦苦思索：这究竟是怎么回事？

思索了好一阵子。终于，他们才好不容易弄明白：这些带脚爪的大蹄印是谁的。想明白这一点，就一切都迎刃而解了。

母鹿凭借它轻捷如燕的细长腿，一跃就跳过了横在地上的树干，向前逃窜了。

狼在它后头也随即跳起，不过没能越过，显然，它的身体太沉，扑通一声从树干上滑了下来，砸在雪地上，四只脚插进了熊洞里。

哦！原来，树干底下藏着一个熊洞！

熊正睡得昏昏沉沉的，上头忽然来了这么一个大惊吓，就一纵身跳了起来，于是雪啊，冰啊，枯枝啊，顿时向四方溅飞，就像是一枚炸弹爆开那样。

熊飞也似的向树林逃去——它以为有猎人朝它开枪了呢。

狼翻了一个跟斗，沉沉地跌进了雪里，猛见那么大一个胖家伙，就全然忘了再去追踪母鹿的事，自顾自逃命要紧了。

母鹿自然早已逃得没了影儿了。

雪底下的鸟群

一只兔子在沼泽地上蹦跳着。它从这个草墩跳到那个草墩，从那个草墩又跳到另一个草墩。忽然一个趔趄（liè qie），掉在了雪地上，雪一下淹到了它的耳朵根。

兔子觉得脚底下有个活物在动弹。

就在同一刹那，从它身子底下、身子周围冲飞起许多黑山鸡，噼里啪啦，大声扑腾着翅膀。

兔子吓坏了，转身就往外跑，逃进了森林。

原来，有一群黑山鸡住在沼泽地的雪底下。白天，它们飞出来，在沼泽地上走动走动，挖雪里埋着的蔓越橘吃。它们啄了一阵，又钻回它们雪底下的住处。

在雪底下，黑山鸡们既暖和又安全，没谁会来打搅它们。躲在雪底下，有谁能发现它们呢？

冬季里的一个正午

元月里的一个正午，阳光温和地照着雪地。

积雪披覆着的树林里，一片寂静。熊沉睡在自己的洞穴里。熊洞上面堆满了被雪压坠、压弯了的大小树木，在那些树木间，朦胧中似乎幻现出一些童话般的住宅，幻现出它的拱形圆顶、空中走廊、庭院、窗户，以及耸着尖顶的塔形小屋，一切都在阳光下亮晶晶地迸射着光芒，显得那样的神秘莫测，那繁密的小雪花像金刚石矿似的，闪闪烁烁，耀人眼目。

忽然，一只小小巧巧的袖珍鸟儿，像是从地底下钻出来似的，一下子跳了出来，它翘着尾巴，嘴似锥子般尖细，它扑扇扑扇翅膀，嘟一声飞到枞树顶上，随后就用它颤动的嗓音鸣啭着，银铃般的啁啾声顿时洒满了整座森林。

就在这时，幻现着白雪庭院的下面，在一个窖窟的小窗口，突然露出一只迷蒙混沌的绿眼……难道说春天这就到来了吗？

这是窖窟主人的眼睛——熊的眼睛。熊在建自己的冬眠地洞时，总会在自己的洞壁留一扇小窗。它从哪一面进去睡觉，这扇窗就开在哪一面——森林里是随时都可能发生不测的啊！倒还好，它金钢石矿般晶莹闪烁的庭院里，什么事儿也没有发生，平静，安然……这就好，于是，那只绿眼就从窗口消失了。

在冰雪裹盖的树枝上，小鸟蹦跳了一阵，又钻回了它雪帽扣着的树根里去了。在那里面，有它一个用软软的干苔藓和绒毛精心营造的暖窝窝。

➙➤➤➤📢 乡村消息

跑进家来的松鼠

我们家的房子就紧挨着森林。

一只松鼠跑进我们家来。很快就同我们相熟了。它成天满屋子乱跑，在橱柜和架子上乱跳。它动作灵活得惊人，可从来没碰掉过一样我们的摆设。

爸爸的书房里，挂着一副从森林捡来的大鹿角。松鼠常常爬到鹿角上去蹲着，就像蹲在树枝上似的。

它特别爱吃甜食，所以经常跳到我们肩膀上要糖吃。有一回，它自己钻进橱子里去偷了方糖，妈妈不知道是松鼠干的，还专门叫我过去问谁偷吃了方糖。

有一天，午餐后我正坐在餐厅沙发上看书。忽然看见松鼠跳上餐桌。叼起一块面包皮，一跳，跳上了大柜顶上。过了一分钟，它又来叼走了一块面包皮。

我想，松鼠把面包皮都叼到哪儿去了呢？我搬了一把椅子到大柜子跟前，爬上去，往大柜顶上瞧，那儿搁着一顶妈妈的帽子。我拿起那帽子，不由得大吃一惊：那帽子下面什么都有！有方糖，也有纸包糖，还有面包皮和各种各样的小骨头……

我马上把我的发现拿给爸爸看，说："原来松鼠是我们家里的小偷！"

爸爸哈哈大笑，说："我怎么早没想到呢！你要知道咱们家的松鼠这是在贮备冬粮呢。森林里的松鼠一到秋天就要开始储备冬粮。这是松鼠的天性，我们家的松鼠有它吃的，可它还要同森林里的松鼠一样贮备冬粮。"

爸爸在餐柜门上装了个小钩子，让松鼠再也钻不进去偷糖块。但是松鼠依旧千方百计储存冬粮，一见面包皮、榛子、核桃、小骨头什么的，就立即叼了去，收藏起来。

后来有一天，我们到林子里去采蘑菇，很晚才回家，感觉累得不行，随便吃了点东西就睡了。满满一篮子蘑菇就不经意地搁在了窗台上，那儿比较凉快，放一夜坏不了。

我们早晨起来一看，蘑菇篮里空荡荡的了。蘑菇都上哪儿去了呢？忽然爸爸在书房里惊叫起来，喊我们过去。我们跑过去一看，挂在墙上的那副鹿角上晾满了蘑菇。不仅鹿角上，而且搭手巾的架子上、镜子后面、油画上面，到处都是蘑菇。原来松鼠起了个大早，忙活了整整一个清晨，把蘑菇全晾上了，想晾干了留着自己过冬吃。

秋天，当阳光还温暖地照耀着大地的时候，森林里的松鼠总是把蘑菇高高地挂在树枝上晾干。我们家的松鼠也这样做了。它是预感到冬天将要来到了！

过了些日子，天气真的冷了起来。松鼠躲到暖和些的角落里去藏身。再接着就干脆不见了它的踪影。我们都感到心里空落落的。

天太冷了。我们非生上炉子不可了。于是我们关上通风口，放上些柴，点着了火。这时，忽然听得炉子里有什么东西沙沙直响。我们急忙把通风口打开，只见松鼠像一粒枪弹似的从里头飞了出来，跳到大柜上。

炉子里的烟呼呼直往屋子里冒，而烟囱口却不见一丝儿烟。怎么回事？哥哥用粗铁丝做了个大钩子，从通风口伸进烟囱里去，看烟囱是叫什么给堵住了。

结果，哥哥从烟囱里掏出一只手套，还有奶奶过节时才舍得戴的头巾。

原来，我们家的松鼠把这些东西叼到烟囱里给自己垫窝去了。我们这才又想起它毕竟是从森林里来的。天性这样。跟它说同人住在一个屋子里，冷不着它的，没有用！

革·斯克列比茨基

━━▶▶▶❀ 林野专稿

熊皮裹身

冬天里的一天，猎人亨泰约上另一个猎人朋友——城里的猎人，兴致勃勃地乘雪橇进了森林。

一进森林，他们就分开了。亨泰带上自己的北极犬朝一个方向驰去，他的朋友没带狗，他向着另外一个方向驰去。

城里猎人走着走着，见眼前有一个隆起的大雪包。雪包不远处有一片矮树林，树枝树叶都落满了厚厚一层霜。

"啊哈！"猎人琢磨，"嗨，怎么就这片林子覆满了霜，别的地方的树林子就没有霜呢？"

他双手捡起一根长长的枯枝，朝着雪包拨动了一下。

雪包里竟是一头黑熊。原来这是一个熊窟，窟里横躺着一头熊，好大！

这周围的树枝树叶上的浓霜原来是因为熊呼出来的热气凝成了霜。

他开了一枪。一枪就把这头大畜生给结果了。他立马就地剥皮。

冬天日子短。猎人才把熊皮扒下，太阳就落了，天色随即很快暗淡下来。

他回头走的时候，森林里越来越黑了。路在哪儿啊？他就决意在森林里过夜。

森林里冷得侵人肌骨！

他掏火柴点火堆吧。糟了！火柴没带在身边。

猎人一下心凉了。后来他对亨泰叙述了他在森林里是怎么度过那一夜的：他灵机一动，打算把熊皮从脚头开始往身上裹，然后躺在厚厚的积雪里过夜。

猎人拽起熊皮，很沉，但它真是一件大皮袍。

不过刚剥下的熊皮通张都是血。猎人把熊皮翻过来，毛面朝里，从脚头裹上来直到后脑勺，严严实实地躺在雪地上。

熊皮裹身上真暖和。猎人睡着了。

天快亮的时候，迷迷糊糊，似乎是熊向他扑来，压住他的身体，沉沉地压着，连气都透不过来了，可他就是没有力气挣脱……

猎人清醒了，手呀脚呀一丝都动不了。

刚剥下的熊皮，满张皮都是血糊糊的，湿叽叽的，夜寒袭来，把整张熊皮从外面往里面冻，整张皮都死僵死僵的，像一层厚厚的铁皮，紧紧箍住了猎人。

猎人听得有一个声音，稀稀唰唰沿雪地直向它响过来。

"唔，"猎人寻思，"我的死期到了。该是什么畜生过来嗅他身上的熊皮了。它这会把我给叼了去，而我连猎刀都拿不到手！"

还好，来的不是野兽，是猎人亨泰，他的猎犬从城里一路嗅着他的足迹找来，找到了他。

亨泰把他从硬僵僵的熊皮里切割出来，把他的朋友从里头解放出来，说：

"得有血的那一面贴着身子，这样里面暖和，寒冷再烈也奈何不了你。"

林中猎狐记

经验丰富的猎手，只需瞟一眼狐狸脚印，就能马上找到狐狸洞，很快把狐狸捉住。

塞索依奇一大早走出家门，远远望去，一眼就发现有一行狐狸的脚印，留在刚下过雪的地面上，雪不厚，脚印却非常清晰，鲜明而又整齐。这位小个子猎人一步一步慢悠悠地来到狐狸脚印旁边，站在那儿，寻思了一阵。

塞索依奇卸下滑雪板，一条腿跪在滑雪板上，把一个手指头弯起来，伸进狐狸脚印的凹坑里，竖着量量，横着量量，又想了想。然后站起来，套上滑雪板顺着脚印滑去，一路滑，一路牢牢盯住脚印。

他滑着，一会儿隐进了矮树林，一会儿又从矮树林里钻出来。

他来到一个小树林边，依旧那么不慌不忙地绕树林滑了一圈。

他从树林子那头出来，便立即加快了速度，奔回自己的村庄。他滑得那么熟练，不用滑雪杖也能飞一般地在雪地上滑行。

冬季的白昼短，而他为了弄清脚印就已经用了两个钟头。塞索依奇心里已经拿定主意：非拿住这只狐狸不行。

他向我们这里另外一个叫谢尔盖的猎人家跑去。谢尔盖的妈妈从小窗望见小个子猎人来，就走出来，站在门口，先开口说话：

"我儿子这会儿不在家。他没告诉我上哪儿去了。"

塞索依奇知道大娘在哄他，就笑了笑说：

"我知道，我知道，他在安德烈那里。"

塞索依奇果然在安德烈家里找到了两位年轻人。

他一跨进门去，两个小伙子就立即不说话了，一副很尴尬的脸相。为什么这样，他们瞒不过他。

谢尔盖甚至还从板凳上站起来，想用身子遮住一个卷成轴的围猎用的小红旗。

"嗨，别遮遮掩掩的了，孩子们。"塞索依奇揭穿他们的秘密说，"我知道你们这么偷偷摸摸地想要做什么。昨天夜里，狐狸来拖走了一只鹅。这会儿，这只偷鹅的狐狸躲哪里，我也知道。"

塞索依奇单刀直入地捅开了两个小伙子的秘密，弄得他们一下不知说什么好了。还在半个钟头以前，谢尔盖遇上了邻村的一个熟人，听说昨天夜里狐狸来偷走了他们的一只鹅。谢尔盖听到后，立刻便赶来告诉他的好朋友安德烈。他们刚刚商量好怎么去找到那只狐狸，怎么在塞索依奇听得风声前下手，把狐狸捉住。谁知，刚说到塞索依奇，塞索依奇就出现在他们面前，而且他已经连狐狸在哪里都弄清楚了。

安德烈打破了沉默，说：

"是哪个妇女多嘴，你听说的吧？"

塞索依奇意味深长地笑笑说：

"妇女，我想，她们弄一辈子也弄不明白狐狸住哪儿的。是我一大清早看脚印看出来的。现在，我就来对你们说说这只狐狸：第一，这是一只老狐狸，个儿很大。脚印是圆圆的，走起路来，那是不含糊，齐刷刷的，不像小狐狸那样在雪地上乱踩乱踏。它拖着一只鹅，从村子里出来，走到一处矮树林里，停下来，把鹅吃了。我已经找到那个地方了。这是一只公狐狸，很狡猾，身子胖，毛皮厚——那张皮能值大钱哩！"

谢尔盖和安德烈互相交换了个眼色。

"怎么，连肥胖，连毛厚，连毛皮值钱都写在脚印里了吗？"

"当然啰！瘦狐狸都是那种吃不饱的主儿，它身上的毛皮必定薄，没有光泽。可是老狐狸狡猾，肚子吃得饱饱的，把自己养得肥肥胖胖的，它的毛必定又厚又密，黑亮黑亮的，那张皮子自然值钱了！饱狐狸跟饥狐狸的脚印也不一样：饱狐狸走起路来，步态轻盈，就像猫一样轻巧，后脚踩在前脚的脚印上，一步一个坑，齐齐整整的一行。我跟你们说，这张皮子，在省城收购站，人家会争着出大钱的。"

塞索依奇说到这里，不再说了。

谢尔盖和安德烈又互相使了一下眼色，一同走到墙角里，叽里咕噜低语了几句。随后，安德烈对塞索依奇说：

"那么，塞索依奇，你是来找我们合伙来了——干脆说，是吧？我们觉得可以这么办！你看，我们听到丢鹅的消息，连围猎的小旗都准备好了。我们原想赶在你前头的，没成功。那么现在咱们就说定：合伙干！"

"咱们还可以说定，第一次围猎，打死算你们的。"小个子猎人挺爽气地说，"要是让它跑了，那第二次围猎十有八九是逮不到它的。这只老狐狸不是咱们本地的，是路过这里的，顺带捎了咱村子里这只鹅。咱们本地的狐狸，我知道，没这么大个儿的。它听得一声枪响，就会逃得连影子都找不着的，我们找两天也休想找到它。这小旗子，你们还是留在家里吧，老狐狸可狡猾了，它让人围猎，大概也不止一回两回了，每回都让它逃脱了。"

然而，两个小伙子还坚持要带小旗子。他们说，还是带上，用围猎的办法逮狐狸，要稳当些，把握会大些。

"好吧！"塞索依奇点了点头说，"你们爱怎么办就怎么办吧！"

谢尔盖和安德烈立刻收拾围猎家什，扛出小旗子卷轴，拴在雪橇上。

就在小伙子拾掇的时候，塞索依奇回了一趟家，换了身衣裳，找来几个年轻小伙子，让他们帮忙赶围。

这三个猎人都在短皮大衣外面套上了灰罩衫。

"咱们这是去打狐狸，不是打兔子，"塞索依奇走到半路上说，"兔子是比较糊涂的。可是狐狸的鼻子要灵敏得多，眼睛特尖。只要让它看出一点异样来，马上就逃得没影儿了。"

大家赶着直奔狐狸的藏身地，赶向那片树林。

一到点上，塞索依奇立刻就部署围猎，各个站好位置，谢尔盖和安德烈往左绕林子挂起了小旗子。塞索依奇带了另一个小伙子往右边去把小旗子挂上。

"你们可得多留点儿神呦，"临分手的时候，塞索依奇又叮嘱说，"看有没有走出树林的脚印。要蹑着点儿手脚，别弄出声响来。老狐狸可奸猾了，一听见有响动，就马上会转移，会溜掉。"

"没见狐狸走出林子的脚印吧?"塞索依奇跟两个年轻猎人碰头的时候问。

"我们仔细瞧过了，没有出林子的脚印。"

"我也没看见。"

他们留下一段约莫一百五十来步宽的通道，没挂小旗子。塞索依奇安排好两个年轻猎人，为他们选定守候的位置，自己踏上滑雪板，悄悄赶回赶围的人们那里去。

塞索依奇部署好狙击线。

围猎开始了。

树林里一片寂静。只听见一团团松软的积雪，从树枝上翻落下来。

塞索依奇紧张地等待两个年轻猎人的枪声。他的经验告诉他：这机会要是一错过，今后就再也碰不到这么大个儿的狐狸了。

塞索依奇已经走到小树林中央，却还没有听见枪声响。

"怎么会这样呢？"塞索依奇提心吊胆地寻思着，从树干中间侧身穿过，"狐狸早该出来，跳上通道了。"

他走着走着，就走到了树林边上。这时安德烈和谢尔盖从他们躲藏的几棵枞树后面走出来。

"没有？"塞索依奇压低嗓门，问道。

"没看见。"

小个子猎人觉得不用多说了，就转身往后跑：他去检查包围线有没有出问题。

"哎，过这儿来！"几分钟后，传来他气嘟嘟的声音。

大家都聚到他跟前来。

"你们会辨认脚迹吗？"塞索依奇从牙缝里挤出气势汹汹的声音，对两个年轻的猎人说，"还说没有跑出树林的脚印呢！可这是什么？"

"兔子脚印哪。"谢尔盖和安德烈异口同声地回答，"兔子在雪地上踩出的脚印。我们这还不会认吗？刚才展开围猎时就看见了。"

"兔子脚印里头呢，兔子脚印里头是什么？你们这两个稻草人。我早就对你们说，这只狐狸老狡猾哩！"

这兔子长长的脚印里，只要定睛细看，真是，在隐隐约约间能分明看出，还有别的野兽脚印：比兔子脚印圆溜些，短些。老猎人一眼就能瞅出来的，两个年轻猎人瞅了半天，才看清楚。

"狐狸为了掩饰自己的脚印，就踩着兔子脚印走，这一点你们不知道？"塞索依奇仿佛丢了一件上等狐皮似的难受，气不打一处来，"你们看，它一步一步，每一步都踩在了兔子的脚印上。你们这两个睁眼瞎子！白白耽搁了这么多时间！"

塞索依奇顺着脚印追去，其他的人都默默紧跟在他身后。

一进矮树林，狐狸脚印就同兔子脚印分开了。这行脚印像一大清早看到的那些脚印一样分明，显然，狐狸在绕道走，绕出了许多鬼花样。他们跟踪这脚印走了好半天。

太阳挂在淡紫色的暮云上——阴暗的冬季白昼快完了。大家都垂头丧气：这一天算是白辛苦了！脚上的滑雪板不由得沉重起来。

突然，塞索依奇站住了。他指着前面的小树林，低声说：

"老狐狸在这里。瞧，前面五公里都是田野，像一张白桌布似的平坦，没有树丛，没有溪谷。狐狸要跑过这样一块空阔地带，对它是很不利的。就在这里——我敢拿脑袋担保！"

两个年轻人一下又振作起来，把枪从肩上放下来。塞索依奇让安德烈和三个赶围的小伙子从小树林右侧包抄过去，谢尔盖和两个赶围人从小树林左侧包抄过去。大家同时向小树林中心缩小圈子。等他们走了以后，塞索依奇自己一个人轻轻溜到树林中间。他知道，那儿有一块小小的林间空地。老狐狸绝不会待在这毫无遮拦的地方的。但是，不管它朝哪个方向穿过小树林，也没法避免经过这块空地的边缘。

这块空地中央，有一棵高大的枞树。旁边有一棵枯死的枞树，倒在它黑黝黝的树枝上。

塞索依奇的头脑里闪过一个主意：顺着倾倒的枯枞树，爬到大枞树上去，从那里鸟瞰下方，不管老狐狸往哪里跑，都能看得见。空地周围只有一些矮小的枞树，还有一些是光秃秃的白杨和白桦。

但是老练的猎人立即放弃了整个主意。他想到：他爬上树的工夫，狐狸早跑掉了。而且从树上放枪也不顺手的。

塞索依奇在枞树旁边停住了脚步，站到两棵小枞树之间的一个树桩上，扣住双筒猎枪的扳机，全神贯注地四下里张望着。

赶围人的呼应声从四周响起来。

塞索依奇确信那只非常值钱的狐狸就在这里，就在离他不远处，错不了。它随时可能闪出来。可是，当一团褐红色的毛皮在树枝间闪过的时候，他还是打了冷颤。那畜生出乎他意料地窜到毫无遮拦的空地上去了，塞索依奇差点儿扣动扳机了，可是他没有。

不能开枪：那不是狐狸，那是一只兔子。

兔子在雪地上蹲下来，心惊肉跳地抖动着它长长的耳朵。

围猎的人声越来越近了。兔子跳进了密林，溜得不知去向。

塞索依奇又收起自己的注意力，守候着。

从右方突然传来一声枪响。

打死了吗？还是打伤了？

从右方传来第二声枪响。

塞索依奇放下枪。他寻思：不是谢尔盖就是安德烈，反正总是他们当中的谁，把狐狸打死了。

过了不一会儿，赶围人走到空地上来了。谢尔盖和他们在一起。

他一脸的狼狈。

"没打中？"塞索依奇皱着眉头问。

"矮树林后头呢，怎么打得中……"

"唉！……"

"瞧在我手上掂着呢！"从背后传来安德烈兴高采烈的声音，"没逃出我的枪口呢！"

安德烈走过来，把一只打死的……兔子，扔在了塞索依奇的脚下。

塞索依奇张大嘴巴，像是要说什么，可一句也没说出来，就又闭上了。赶围的人群莫名其妙地看着这三个猎人。

"好啊！运气不错！"塞索依奇终于压下火气说，"现在，大家都回吧！"

"狐狸呢？"谢尔盖问。

"你看见狐狸了？"塞索依奇问。

"没有，没看见。我打的也是兔子，兔子在矮树林后头，那样……"

塞索依奇把手往高处一挥，说：

"我看见了：狐狸叫山雀抓到天上去了。"

当大家有气无力地走出空地时，小个子猎人独自落在后面。这会儿天色还没黑尽，还能看得清雪地上的脚印。

塞索依奇绕空地走了一圈，一步一步走得很慢，走几步，就停一停。狐狸和兔子进入空地的脚印都印在雪地上，一凹点一凹点，清清楚楚的。

塞索依奇睁大眼睛，细心察看着狐狸脚印。

没有，狐狸并没有踩着自己原来的脚印往回走。狐狸也没有这样的习惯。

出了这块空地，脚印就完全没有了——既没有兔子的，也没有狐狸的。

塞索依奇在小树桩上坐下来，双手捧着脑袋沉思起来。

终于，一个很普通的想法窜入了他的头脑：难道说这只狐狸在空地上打了个洞，就躲在洞里呢。这一点，刚才猎人完全没想到。

但是，当塞索依奇想到这个念头的时候，天已经黑了。在伸手不见五指的夜色中，要抓住这狡猾无比的畜生，想都甭想。

塞索依奇只好回家去了。

而野兽有时会给人出一些谁也猜不透的谜。有些人就给那种谜难住了。塞索依奇可不是这样的孬种。就是狡猾得出了名的狐狸出的谜，也不曾难倒过他的。

第二天早晨，小个子猎人又来到昨天狐狸失踪的那块空地上。现在，有狐狸蹽出空地的脚印了。

塞索依奇顺着脚印走去，想找到他到此刻还不知在哪里的狐狸洞。但是，狐狸的脚印把他一直引到林间空地中央。

一行清晰而齐整的脚印凹子，通向倾倒的枞树。顺着树干上去，消失在针叶茂密的大枞树树枝间。那儿，离地大约八米高的地方，有一根蓬得很开的树枝，上面一点积雪也没有：积雪被一直在这里睡的野兽给擦掉了。

原来，昨天塞索依奇在这儿守候的时候，老狐狸就趴在他头的上方。如果狐狸这种动物会嘻嘻发笑的话，它一定会笑小个子猎人，笑得浑身的肉都抖动起来。

不过，狐狸既然会上树，那么也准会尽情地窃笑吧。

林中生物在冰雪下顽强地孕育自己的生命（冬季第二月）

一月冬

一月。

一月，新的一年从隆冬中开始。一月是冬向春转折的月份。

新年一开始，白昼就像兔子向前跳跃那样，一天比一天长了。

大地、水和森林，一切都被雪覆盖住了，四周都像是进入了长眠，沉浸在酣睡中。

生命为了渡越艰难的时期，就使出了一种本领，那就是佯装死亡。花草树木都停止发育停止生长了。停止发育生长，乍一看是死了，其实并没有死。

花草树木在积雪的覆盖下依然蕴藏着顽强的生命力，蕴藏着生长和开花的力量。松树和枞树把它们的种子紧紧攥在小拳头般的球果里，保存着繁衍的机能。

冷血动物都躲藏到地下去了，它们都僵住不动了。但是，它们也都还活着，甚至像螟（míng）蛾这样弱小的动物也没有死，它们只是钻到各种各样的隐蔽所里去了。

鸟类血液特别能耐寒，它们无需冬眠。许多动物，就像小不点的老鼠也不需要冬眠，它们整个冬天都在森林里跑。不可思议的事着实还有呢——那些睡在厚厚雪层下熊洞里的母熊，竟在一月的寒冬里产下了一窝小熊崽，它们虽然自己整个冬天都不吃不喝，却仍有奶水喂养自己的小熊，一直喂养到开春。

林中要闻

谁先吃，谁后吃

林中有几只乌鸦，发现了一具马尸。

"呱——呱！"飞来了一大群乌鸦，想要落下来和这几只乌鸦共进晚餐。

时已傍晚，天色渐渐黑下来。月亮出来了。

忽然，树林里传来一声啸叫。

"呜唬——！"

　　乌鸦飞走了。树林里飞出来一只雕枭，落在马尸上。

　　它用钩嘴撕着肉，耳朵不停地抖动着，眼皮一眨一眨，正要饱餐一顿哩，忽然听得雪地上有低沉的沙沙声。

　　雕枭飞上了树。

　　一只狐狸走过来，在马尸跟前站定。

　　咔嚓咔嚓一阵牙齿咬肉的声音。它还没来得及吃饱，又来了一只狼。

　　狐狸逃进了矮树林。狼扑到了马尸上。它浑身的毛根根直竖，牙齿犹如一把把小刀，把马肉从骨头上剔下来。它一边吃着，一边喉咙呼噜呼噜响。听得出来，它吃得很开心，很得意，很满足。这呼噜声是如此之响，以至于周围的声音都听不见了。它吃了一阵，抬起头来，把牙齿咬得咕嘎咕嘎响，像是在说："别过来！"接着，又低头大吃起来。

　　突然，在它头上响起一声吼叫，声音又大又粗。咚！狼猛地一个屁股墩，跌坐在地上，随后夹起大尾巴，吱溜一闪身，逃之夭夭。

　　原来是，森林霸主驾临了——黑熊来了！

　　现在，谁也甭想走近了。

　　熊一直吃啊吃啊，吃到天快亮。熊吃完这顿夜餐，睡觉去了。

　　狼其实没走远。它夹着尾巴，蹲在远处，在那里等候着。

　　熊一走，狼立刻就来到马尸旁。

　　狼吃饱了。狐狸来了。

狐狸吃饱了。雕枭飞过来了。

雕枭吃饱了，轮着乌鸦了。

鸦群飞拢过来吃马尸的时候，天已经亮了。这席免费的盛宴，现在全吃光了，就只剩一堆马骨头了。

肚子饱，不怕冷

飞禽是这样，走兽也是这样，只要肚子饱着，就什么冷不冷的，不怕！一顿饱餐后，食物会从身体内部发热，使本来热的血液变得更热，一股暖意在全身窜流，向全身发散。皮下的一层脂肪，是暖和毛皮或羽毛大衣最好的一层里子。寒气就算是能透过毛皮，钻进羽毛，也绝对穿不过皮下那层大衣里子似的脂肪。

如果林中食物充足，那么冬天就不可怕。问题是，冬天可到哪儿去找食啊？

狼和狐狸满林子游走，饥肠辘辘地寻找食物。然而，冬天的森林里空荡荡的，小飞禽小兽藏的藏了，飞的飞了。

白天，乌鸦到处飞；夜晚，雕枭到处飞。它们寻找食物，可是哪儿有哇！

冬天的森林里，饿啊，饿得慌！

小木屋里的莛雀

在"饿死你"的月份里，各种飞鸟和各种走兽都来挨着人的住宅。人住着的地方比较容易找到东西吃。从人抛出来的垃圾里，它们就能找到些食物。

　　饥饿会让鸟兽忘掉恐惧。胆小的林中居民也会变得不再那么怕人了。

　　黑琴鸡和灰山鹑偷偷跑到打谷场和谷仓附近来。欧兔跑到菜园里来。白鼬和伶鼬钻进地窖里来捉老鼠。雪兔跑到垒在村边的干草垛里来偷吃干草。我们《森林报》的通讯员住的小木屋有一天因疏忽没关门，结果没想到飞进来一只荏雀。它的羽毛是黄颜色的，而脸颊却是白的，胸腹上一条黑竖纹。它对人全然不怕，就一个劲儿管自啄食着餐桌上的食物碎屑。

　　房主人关上门，那只荏雀也就成了我们的俘虏。它在我们的小木屋里生活了整整一个星期。没人去惊动它，也没人喂它，但它却一天胖似一天。因为它天天都在屋里转悠，搜寻到蟋蟀啊，睡在板缝里的苍蝇啊，啄食那些我们落在屋里的食物碎屑。夜里就睡在大火炕后面的裂缝里。

　　过了几天，它捉光了苍蝇和蟑螂，就啄起我们的面包来。还啄我们的书、小盒子、软木塞，什么落到它眼里就啄什么，有些就被它啄坏了。

　　这时，房主人就只好打开房门，把这位自己赖进屋来的小客人撵了出去。

谁在冬林法则之外

　　在这隆冬时节，所有的林中居民都因为苦寒而声声哀叹不止。森林法则是这样规定的：冬天就一件事，千方百计逃过寒冷和饥饿，孵养雏鸟的事在这寒冬时节连想都不要去想。夏天，天气暖和，那才是孵养幼鸟的时候。

然而，谁要是冬天有充足的食物，那也就可以不服从这条冬林法则的规定。

我们的通讯员在一棵高大的枞树上，找到了一个小鸟的窝。明明积雪盈枝，而筑在雪枝上的一个鸟窝里却有了几个小小的鸟蛋。

第二天，我们的通讯员又去看那个鸟窝。天正刺骨的冷，他们的鼻子都冻得通红通红。可是他们往鸟窝里一瞅，窝里却已经孵出了几只小鸟，身子光溜溜的，眼睛紧闭着，躺在积雪当中。

太不可思议了，怎么会有这种事呢？

细想，其实一点也用不着奇怪的。这是一对交喙鸟做在这里的窝，窝里孵出的也就是它们的雏鸟。

交喙鸟这种鸟，既不畏惧冬天的寒冷，也不畏惧冬天的饥饿。

这种小鸟，一小群一小伙的，树林里一年到头都能见着。它们欢天喜地地互相呼应着，打这根枝飞到那根枝，从这棵树飞到那棵树，又从这片树林飞到那片树林。就这样不知疲倦地一年四季浪迹在森林里，居无定所。

春天，几乎所有的鸟都在为选择配偶而奔忙，一旦择定，就双双对对各自去选好一个区域，定居下来，随即就养儿育女。

然而交喙鸟不同，它们在这时候结帮成伙地满树林飞，也不见它们有住定的意思。

这交喙鸟老幼同群，是喜欢流动、喜欢热闹的鸟群。似乎它们的雏鸟是在空中边飞、边生、边养的。

其实不是，它们不一定非得在夏天把养儿育女的大事做了。

在我们的城市，把这种鸟叫作"鹦鹉"。人们这样称呼好像也有一点道理，似乎它们服装的颜色确实像是鹦鹉。还有，它们也像鹦鹉一样，在细枝儿上跳上跳下，转悠个不停。

公交喙鸟的羽毛是红色的，颜色有深有浅。母交喙鸟和幼鸟羽毛的颜色是绿的和黄的。

交喙鸟的脚爪，钩住什么就能抓住什么，嘴擅长于叼东西。它们喜欢头朝下，尾向上，用脚爪攀住细枝，用嘴咬住下面的细枝。就那么长时间倒挂着。

特别奇怪的是，交喙鸟死后，那尸体过很久也不腐烂。老交喙鸟的尸体竟可以那么僵在那里二十来年，连一根羽毛都不掉落，也不发臭，就跟木乃伊一样的。

但是最有趣的，还要算它那特别的嘴。再没有第二种鸟的嘴是像它这样的。

交喙鸟的嘴，是上下交错的：上嘴壳的半截儿弯朝下拐，下嘴壳的半截儿往上翘。

交喙鸟的全副本领，就靠它这张嘴。它的所有奇迹都是凭这张嘴创造的。

交喙鸟出壳的时候，它的嘴也同所有的幼鸟那样是直通通的，可是待它一长大，就开始啄食枞树果和松球果的籽儿了。这时，它的软嘴巴就渐渐弯曲，终于交错起来了，以后一辈子就都这样了。这样的嘴巴对交喙鸟啄食球果的籽儿有诸多好处：可以轻易地用它的弯嘴把籽儿钳出来，方便极了。

这不，叫它交喙鸟，就名副其实了。

为什么交喙鸟一生都这样爱在森林里流浪呢？

那是因为它们要寻找球果最多最好的地方。今年，我们这儿的球果丰盛，交喙鸟就到我们这里来，明年，北方的什么地方球果结得多，交喙鸟就迁飞到那里去。

为什么冬天交喙鸟在冰天雪地里还不停地唱歌、孵小鸟呢？

因为冬天，哪儿都是球果满枝，有吃的就有温饱，它们为什么不欢快地唱，不孵养小鸟呢？它们的窝是用绒毛、羽毛和柔软的兽毛构筑的，暖和着呢。母交喙鸟只要生下第一个蛋，就不再出窝了，公交喙鸟出窝去为它采食，让母交喙鸟终日饱暖无忧。

母交喙鸟抱着蛋，可以使蛋在寒冬时节时时保温，等小鸟出壳后，母交喙鸟把储存在嗉（sù）囊里的揉软了的松子和枞树子吐出来，喂自己的孩子。好在，松树和枞树是四季不停地结果的，所以，一年到头它们都不会缺吃。

　　交喙鸟一找定配偶，就要盖起小房子，准备养育儿女。这时，它们就离开鸟群。它们一住进窝去就要等小鸟大了才归队，才重新加入鸟群。这就是为什么人们总是找不着交喙鸟的窝的原因——因为它们在群体里随众飞动时，是不做窝的。

　　为什么交喙鸟死后会变成木乃伊呢？

　　这全部的原因，就归结于它们吃球果。在松子和枞树子里面，有大量的松脂。交喙鸟一生吃松子和枞树子，全身都被这种松脂渗透，有如皮靴被柏油或桐油浸透一样。在它们死后，不会让它们的尸体腐烂的，正是这松脂和枞树脂。

　　埃及人就是往死者身上涂松脂，使尸体变成木乃伊的。

乌鸦的信号

　　乌鸦对鱼有什么用？

　　鱼对乌鸦有什么用？

　　乌鸦和鱼对渔夫都有什么用？

　　渔夫让乌鸦守着鱼。人早就知道，不能拿青菜去试山羊的胃口，也不能拿酸奶油去试猫的胃口。而渔夫却拿鱼去试过乌鸦的胃口——乌鸦是特别喜欢吃鱼的。经验丰富的渔夫知道，乌鸦世界和鱼世界两个世界各有什么奥秘！乌鸦世界在水上面，鱼世界在水下面，两个世界只隔着薄薄一层冰。渔夫在冰上打开一个窟窿，以便空气通过这一窗口由上面的世界进入下面的世界。

　　冰下的世界一片阴暗——整个冬天，冰下都是黑乎乎的。又冷，又暗，又闷。冰下的鱼全处在半睡眠状态中，懒得动弹，嘴慢吞吞地一张一合。冰下呼吸很困难，因为鱼把氧气差不多全耗尽了；而新鲜空气又进不到冰下面去。鱼的半休眠状态开始了。那么……谁来为它们守望它们的安全呢？寒冬这么长，冷天有这么多日子，谁来为它们守望——从白天到黑夜，不畏严寒，不怕暴风雪，直守望到冰化雪消？叫渔夫在冰洞口去蹲着，那渔夫不全没命了？

　　但是得有守望者。不然，鱼这么长时间的休眠，就都得被鸟兽吃光，那到夏天还能有鱼可捕吗？

C

　　渔夫机灵着呢！冰下的鱼呼吸一困难，就都蜂拥到冰窟窿的洞口处，从水里探出它们的嘴来，以便呼吸到新鲜空气。这时候，饥饿的乌鸦看有机可乘，立马就呱啦呱啦嚷嚷着从四面八方飞来，飞到冰窟窿的洞口蹲着，准备享用鲜鱼美餐。只要听得成群的乌鸦呱啦呱啦，都麇集到冰窟窿的洞口，渔夫们就晓得事情不妙，就立刻抄起铁锹、铁钎、斧头，三步并作两步，急忙奔向洞口去救鱼。渔夫七手八脚把冰窟窿开得足够大、足够宽，让新鲜空气通过这个大窗口进到冰下，使鱼能呼吸到清新的空气。只要大家齐心，乌鸦的信号一出现，即刻齐心上阵救鱼，冰下的鱼就都能保住。

乌鸦的眼睛非常尖，它们发出的信号一准错不了。乌鸦的看守是绝对可靠的，而且是完全免费的。鱼交给它们去看守，百分之百靠得住。让它们守鱼，不会有任何闪失的！

尼·斯拉德科夫

熊找到了最适合它过冬的地方

深秋时节一到，熊就在长满枞树密林的小山坡上选好一块地方。它用它锋利的脚爪抓扒下长条形的枞树皮，叼到小山上的一个坑里，接着铺上柔软的苔藓。它随后又去啃倒土坑周围的一些小枞树，让这些小枞树像个小棚子那样把坑严严盖起来，自己钻进去，就安安稳稳地在里头酣睡了。

但过了不到一个月，它的洞被猎人找到了。它好不容易才从猎人手中逃脱。它就只得躺倒在雪地上将就着睡了。而它躲藏的地方很快又被猎人发现了，它又在猎人枪口下九死一生。

它第三次又藏起来。这回，它藏的地方可好了，没有谁会想到它躲在那里。

它是睡到了树上。

到春天，人们才发现，它在高高的树上睡过了一冬。

这棵树的树干以前准是被狂暴的大风刮折了，后来倒着生长，形成了一个坑窝。夏天，大雕把干树枝和软草叼到这里来，铺在里面，待孵出小鸟，就飞走了。这个坑窝就废弃在这里了，冬天，这只再不能在自己洞穴里安身的熊，受惊后竟找到了这里，找到这个空中的坑窝里来了。

野鼠搬出了森林

森林里有许多野鼠，冬天的漫长使它们缺粮了。它们在自己的粮仓里已经找不到食物了，又有白鼬、伶鼬和鸡貂以及其他食肉动物来追猎它们，于是它们就逃出了自己的洞穴，逃出了森林。这时，大地和树林都被冰雪封冻着。成群成伙的野鼠没有东西吃，就只好搬出森林。这时，森林外人类的谷仓就有遭劫的危险了。得随时防备它们来打劫啊。

不错，是有伶鼬跟在野鼠后面追猎它们。但是，伶鼬数量太少，它们捉不完野鼠的，它们消灭不了所有的野鼠的。

快保护好粮食，别让啮齿动物来打劫！

>>> 城市新闻

校园里的森林角

不论你去哪所学校，都能看见一个生物角。生物角的箱子、罐子和笼子里，养着各种各样的动物。这都是孩子们夏天远足时带回来的。

现在，到冬季，孩子们可操心可忙碌了：得让这批房客都吃饱喝足，要给每一位房客安排一个合乎它胃口的住宅，还得把每一位房客都看管好，不让它们逃跑。

生物角里，有鸟儿，有小兽，有蛇，有青蛙，有昆虫。

我们到过的一所学校里，孩子们给我们看一本夏天日志。看来，他们收集动物是认真的，不是随便玩玩的。

六月七日的这篇日志里，值日生这样写道：

"图拉斯带来一只啄木鸟。米龙诺夫带来一只甲虫。格甫里洛夫带来一条蚯蚓。雅科甫列夫带来一只瓢虫和一只荨麻上的小甲虫。保尔肖夫带来一只篱雀的雏鸟。"……

日志差不多每天都有这样的记载。

"六月二十五日，我们远足到池塘边。我们捉到一条蝾螈——这是我们非常需要的东西。"

有的孩子甚至还把他们捉到的动物进行了描写：

"我们收集了许多水蝎子、松藻虫与青蛙。青蛙有四只脚，每只脚上有四只脚趾。青蛙的眼睛是黑溜溜的，它的鼻子是两个细小的洞眼。青蛙的耳朵很大。青蛙对人有很多益处。"

冬天，小学生们还合伙在商店里买了一些我们省里没有的动物，譬如乌龟啊，金虫啊，金鱼啊，天竺鼠啊，羽毛格外鲜艳的鸟儿啊……你一走进那间屋子，只听见房客们一片喧嚣声，有的尖叫，有的啼唤，有的不停打哼哼，有的溜溜滑，有的长满羽毛。简直无异于一座小型动物园呢。

孩子们还交换彼此拥有的房客。夏天，有一个学校的学生捉到好些鲫鱼，而另一所学校的孩子们养了好多家兔——都多得没处养了。两个学校的孩子们就决定进行交换：四条鲫鱼换一只家兔。

这都是低年级学生的事。

而年纪稍大的学生，则另有自己的组织。差不多每个学校里都有少年自然科学家小组。

在我们城市的少年宫里，也有一个小组。各学校都选派最优秀的少年自然科学家去参加。在少年宫的那个小组里，少年自然科学家和少年植物学家学习怎样观察和捕捉动物，怎样照料捉来饲养的动物，怎样剥制动物标本，怎样采集和制作植物标本。

从学年开始到学年结束，小组组员们经常到户外去郊游，有时还去得很远。他们在那里要住上整整一个月，每个人都有自己的事做：植物学组组员采集植物标本；哺乳动物学组组员找老鼠、刺猬、鼩鼱、小野兔和其他小野兽；鸟类学组组员寻找鸟窝、观察鸟类；爬虫类学组组员找青蛙、蛇、蜥蜴、蝾螈；水族小组组员捉鱼虾和一切水族动物；昆虫学组组员逮蝴蝶、甲虫，研究蜜蜂、黄蜂、蚂蚁之类。

少年自然科学家们还在学校里开辟了果木和林木的苗圃。他们的蔬菜园里常年丰收。

他们还都有一本详细的日志，记下他们的观察结果和他们所做的事情。

刮风、下雨、降露、酷暑，田野、草地、江河、湖泊和森林的生活，农村的农活，所有这些都逃不过少年自然科学家注意的目光。他们在长期的活动中培养了宽阔的心胸。

在我国，未来一代动物学家、植物学家和矿物学家，就将在这些有为的少年中产生。

免费食堂

鸣禽们在饥寒中挣扎。

有心怀慈善的城里人，为它们开办了食堂。有的在院子里，有的就在自家的窗台上，有的则把小块面包、牛油之类拿线拴起来，挂在窗户外，有的把装着谷粒和面包屑的筐子摆在院子里。

䳏雀、白颊鸟、青山鸟和其他一些冬天的小客人，就成群结队飞往这些免费食堂来。有时，黄雀、红雀也来。

——>>✤ 林野专稿

不迁飞的鸟

在积雪和坚冰笼盖的世界里，树木沉睡了。

树干里的血液，就是夏日流淌在树木体内的树液，现在都结上冰了。

打谷场附近，如今飞来成群的灰山鹑。

积雪深深，漫无际涯。这些灰山雀呀，可到哪儿去找食物充填肚子啊，就算是扒开积雪，积雪下面也还有厚厚一层坚冰，用它们那纤细的脚爪去扒开冰层，这困难就可以想象了。于是它们就都往村庄里飞。

冬天要捉山鹑很容易。

但冬天是禁止捉山鹑的。因为法律不容许人们在冬天捕捉这些无助的生灵。有的人很聪明也很细心，冬天，他们在田野间用枞树枝搭起小棚子，小棚子底下撒些燕麦粒儿和大麦粒儿。他们就这样给山鹑设立食堂，让这些无助的鸟儿来吃。

这样一来，就算冬季再寒冷，这些美丽的山鹑也不会饿死的。第二年夏天，每一对公母山鹑都会生蛋，孵出二十只甚至比二十只更多的小山鹑来。

在地面生活的林鸟，松鸡、黑山鸡、雷鸟、鹧鸪、雉鸡一年四季都生活在咱们这里。像麻雀这样的小个子鸟是从来不离开咱们这里的，鸦鸟、山雀、啄木鸟、喜鹊也从来不飞远。哪里有冬天不封冻的湖泊，哪里就一定会有鸟在那里过冬，甚至野鸭、天鹅之类的鸟冬天也会留在咱们的城郊野外。

冬季的森林里一片寂静。落尽了叶子的树，在冬天光裸着树身和树枝。确也还有些树在冬天也是苍绿的，譬如云杉啊，松树啊，但上上下下都搁着一个个松软的枕包。树们在这些枕包下睡觉。纹丝不动，阒（qù）寂无声。似乎森林里什么活物也没有了。

谁也不曾料，会有活鲜鲜的花在林间开放，它们的黄色、红色、金黄色，从根根云杉树枝上倒挂下来，闪闪烁烁，把寒冬里的森林点缀出一片鲜美来。森林处处有尖脆的叫声此起彼伏。云杉果的果渣纷纷如雨点一般坠落到人的头上。

山梨树的果子冬天红了，成串成串地从树枝上挂下来。一种耸着冠毛的野鸡成群飞来，肆意啄吃，享用这天赐的美食。

山雀叽叽喳喳欢叫着飞来，散落在树枝上，然后频频转动身子，连连翻跟斗，仿若闯来了一群患了多动症的猴子。一只棕色的旋木雀头朝下，冲前头耸立的树枝"犁"过去。和这些鸟一同活跃在冬林的还有啄木鸟。啄木鸟，时而叫几声，时而在枯枝上敲几下，把躲在果实里的虫子全抠出来，吃光。有些虫子在树根处，啄木鸟就从缝隙里伸进嘴壳去，把树根撕裂，那里面的虫子是最肥的。

冬天经常是灰蒙蒙的，太阳难得一现，可是有时也会艰难地升上天空，向大地撒下金色的光芒。这样的时候，就会有敞亮的鸟歌声从密林里迸起。这是小不点的根鸟，它们一见太阳就激情暴涨，于是兴奋地向着太阳放开了歌喉。

倘若你从森林里出来，来到田野上，那里一样可以看见有鸟类在活动。不经意间，会有大群大群的鹧鸪鸟哗啦啦从雪地上飞起来。还有金翅雀，它们会突然从厚厚的雪堆里冒出毛茸茸的小脑袋，让人惊喜不已。你在路上走，没想到竟有成片的雪鸥会飞落到你面前，碍了你的去路。

莫非这些雪鸥都是从北极的冰天雪地上飞来的？

是的。这些雪鸥，这些珍贵的鸟客，它们是从北极飞到这里来越冬的。还不止雪鸥呢，还有从远郊原野上飞到莫斯科、彼得格勒、基辅、喀山来过冬的鸟，这样的鸟有红鸟，有鹰隼，有猫头鹰。它们在自己的出生地找不到吃的，而咱们这里有的是它们可吃的。

好些小个子鸟竟飞到餐桌上来。人们的居住地里会有各种各样的鸟。平常死活找不见一只松鸡，冬天倒是会成群出现在城郊乡村的屋顶上。

对鸟儿们来说，最怕的不是寒冷，而是连月的饥荒。吃饱了，绒绒的羽翼下面就能滋生出温暖来。

白脖子熊

有一个守林的老头儿，住在贝加尔湖边上，平时，他捕捕鱼，打打松鼠什么的。有一次，他往窗外眺望，冷不防看到一头大狗熊向他的小木屋没命奔逃过来，一群狼在它屁股后头紧追不放。

狗熊眼看着就完了……

但是这头大狗熊的头脑可灵活哩，它闯进了小木屋的外间，它一进来，门就随着咚一声自动关上了。它这还不放心，还拼命地用后腿和身体紧紧抵住柴门。

老头儿明白了眼前发生的是怎么一回事，就从墙上取下他的猎枪，说：

"米沙，米沙，顶住门！"

狼群扑过来，扑到门上，老头儿就从小窗口对着狼群瞄准，边瞄准边说：

"米沙，米沙，牢牢顶住门！"

他就这样打死了扑过来的第一只狼，第二只狼，第三只狼，他一面放着枪，一面对熊说：

"米沙，米沙，牢牢顶住门！"

第三只狼一倒下，狼群就哗啦啦四散奔逃了。

熊就留在小木屋里，整个冬天都在老猎人保护下度过。开春，森林里的熊都从自己的洞穴里出来了，老猎人这才给这头在他家住了一冬的熊往脖颈上拴个白圈，他跟所有的猎人都打了招呼，让他们别打这头脖子拴着白圈的熊，因为，这头熊是他的朋友。

［注：米沙，俄罗斯人通常俗称熊为"米沙"。］

米·普里什文

熬出残冬饥禽饿兽们迎来温饱的春天（冬季第三月）

二月冬

二月。

狂暴的寒风呜呜吹卷着雪尘，在二月里奔窜，却不留下一个足迹。二月是许多虫豸（zhì）和野兽冬眠的月份。

这是冬季的最后一个月，是冬季最难熬的一个月。可以毫不夸张地把这个月叫作饥饿难耐月。这个月里，公狼母狼成亲，所以它们为了传宗接代的需要，频频偷袭村镇的牲口，把狗啊，羊啊，都拖去充塞它们的肚腹；在饥饿的驱使下，它们天天夜里都钻进羊圈里去劫猎。

所有的野兽都在这个月份里日见消瘦。秋天养起来的肥膘，这时已不能再给它们以热量，不能再给它们以营养了。

　　小野兽的洞里，底下仓库的存粮也差不多吃完了。

　　雪对许多野兽来说，本来是可以帮助保温的朋友，不过现在对于许多野兽来说，却愈益变成催命的敌人：树枝耐不住积雪的沉重，纷纷折断了。只有野生的鸡类，譬如山鸡呀，榛鸡呀，琴鸡呀，它们倒还喜欢深雪，它们连头带尾，整个身子钻进深雪里去过夜。它们在那里感觉很舒服哩。

　　而不幸也恰恰在这时发生了——白天要是有太阳，雪就会消融，到夜间酷冷的寒气袭来，很快就在雪面上结起一层冰壳。这样一来，野生鸡类就倒霉了，任你怎么拿脑袋去撞击冰壳，也休想从屋顶下钻出来，它们要被闷在雪层下，直闷到太阳出来，把坚硬的冰壳融化！

　　暴风雪连日连夜地吹，把二月驰雪橇的路统统都埋进了积雪里……

林中要闻

耐得住这奏寒吗？

　　森林一年的最后一个月——最艰难的一个月来到了。每年春来前的一个月，都是毒冷毒冷的。

　　林中所有居民仓库里的存粮都吃尽了。所有的飞禽走兽形体都消瘦了——皮下那层抵御寒冷的脂肪，已经消耗完了。一连多日的半饥饿日子，让它们越来越没有体力支撑自己的身体了。

日子对鸟兽来说本来已经够难的了，而狂风吹卷起地面的积雪又到处瞎奔乱窜。天冷得一天比一天难以忍受了。

寒冬知道自己随意蹿动的日子不会太久了，所以就更肆无忌惮地放出它最严酷的寒气来。现在，飞禽走兽们也只有再坚持一阵，拿出最后一点力气，熬过去，熬过这难耐的一个月，春天终究也不远了。

我们的通讯员去整座森林里转了转。所见所闻，有一件事让他们特别放心不下，那就是：飞禽走兽们能熬到天气转暖吗？

他们在森林里，看见许多令他们感到揪心的事。有些林中居民已经耐不住饥饿和寒冷的煎熬，丧命了。那些如今还活着的能不能再坚持一个月？不错，是有这样的事实，禽兽终究不会死，所以你根本用不着替它们担心。

透明的青蛙

我们的通讯员凿破一个结满冰的池塘，挖开冰底下的淤泥。淤泥里躺着许多青蛙。它们是钻到那里去过冬的，它们成堆成堆地挤在那里。

把青蛙从烂泥里拽出来看，他们都十分惊讶：怎么这些青蛙像玻璃做成似的透明？它们的身体变得非常脆。只需轻轻一扣，那细嫩的小腿儿就咔嚓一声脆响，断了。

我们《森林报》的通讯员带了几只这样的青蛙回去。他们把冻僵的青蛙放在暖和的屋子里，小心翼翼地让它们全身回暖。青蛙慢慢地、渐渐地苏醒了，开始在地板上蹦跳。

这情景让我们想象到，那些青蛙，待到春天的阳光一照，池塘的冰融化了，水暖和过来时，青蛙就会苏醒过来，变得活泼泼的，又能蹦又能跳了。

溜溜滑的冰地

融雪天后，骤然暴冷，雪水就会一下冻结成一层冰壳，这无疑是最可怕的。

积雪上的这层冰壳，死硬不说，还溜溜地滑，野兽那些软弱的脚根本奈何不了它，休想刨开它，鸟的尖嘴也啄不开它。鹿的蹄子格外坚硬，倒是能够踏穿它，可是这踏穿后的冰洞周围的冰的棱角，锐利得像一把把锋利的尖刀，能划破鹿脚上的皮毛和肉。

鸟怎么能够吃到冰壳下的食物，吃到冰下那些细草、那些谷粒呢？

谁没能力凿破这冰壳，谁就眼看着食物挨饿。

也有这样的事。

太阳出来，雪化了。地面上的雪于是湿漉漉的，软绒绒的。临天黑，飞来一群灰山鹑，它们毫不费力地在湿软的雪地里给自己刨了几个小洞，钻进去，里面还热乎乎、暖和和的。它们在里面睡着了。

不料半夜里奇寒扑袭而来。灰山鹑们在暖和的地下洞穴里睡得香香的。它们没有觉出冷来。

第二天早晨，灰山鹑们醒来了。雪底下倒是蛮暖和的，就是有点喘不过气来。

得到外面好好透上口气儿，得舒展舒展翅膀，找点东西解解饿。

它们要飞起来，可是头顶上竟封有一层冰，很坚实的冰，像玻璃板似的。

一夜间，整个大地成了一块光溜溜的大冰场。冰壳下面是松软的雪，冰壳上面什么也没有。

灰山鹑把小脑袋向冰壳撞击，直撞得头破血流，怎么也得冲出这冰罩，冲出这冰狱，才能有活路啊！

只要能冲出这冰的死狱，就算是再挨饿，那也是不幸中的万幸了。

倒挂着沉睡

在托斯纳河的河岸边，离萨博林诺火车站不远，有一个大岩洞。早先，人们在那里取用沙子，但如今早已废弃了，留下一个大洞，谁也不到那里头去了。

我们的通讯员隆冬时节去看那个洞。他们发现洞顶上一排排一溜溜挂着蝙蝠，是兔蝙蝠和山蝙蝠。它们在那里酣睡，已经睡了有五个月了，它们一只只头朝下，脚朝上，用脚爪牢牢拽住凹凸不平的砂洞洞顶。兔蝙蝠把大耳朵缩在往上折起的翅膀下，用翅膀把自己的身体裹得严严实实的，犹如盖了一床被子。它们就那样倒挂着进入了梦乡。

蝙蝠连续睡这么多个月份，睡得这么久，我们的通讯员甚至为它们担心起来。他们于是伸手去摸了摸蝙蝠的脉搏，量了量它们的体温。

夏天，蝙蝠的体温跟我们人差不多，三十七摄氏度左右，脉搏是每分钟两百次。

现在，蝙蝠的脉搏降到只有每分钟五十次，体温就只比五摄氏度略微高一点。

这样的脉搏，这样的体温，对蝙蝠来说，对这些小瞌睡虫来说，依然是健康的，人们无需为它们担心。

它们还将无忧无虑地再睡上个把月，甚至两个月。待到足够温暖的夜晚一到来，它们就会苏醒过来，健健康康地在夜色中穿梭飞舞。

等不及了

天气稍微转暖，雪开始融化，森林的雪底下马上就会爬出各种各样等不及要出来的虫子。像蚯蚓，像海蛆，像蜘蛛，像瓢虫，像叶蜂的幼虫。

只要哪个僻静的角落里现出一块没有雪的地方——这种事是经常会发生的，大风卷走了地上枯木下的积雪，那么，那些大大小小的虫子就在那些没有雪的地方游走、散步、活动。

昆虫是出来活动麻木的腿脚的，而蜘蛛则是出来猎食的。没有翅膀的小蚊子光着脚丫在雪地上跑跑又跳跳。有翅膀的长脚舞蚊在空中打旋。

只要寒气一袭来，游园活动就立刻结束，这群大大小小的虫子，有的很快钻进枯枝败叶里，有的钻到枯草丛中去，也有的钻入泥土里边。

解除武装

森林里，力大无穷的壮士麋鹿和个头小些的公鹿，一到隆冬时节，就都设法把自己花角甩脱了。

公麋鹿是自己扔下头上的沉重武器的。它们要卸下这武装的时候，就来到密林里，往树干上蹭犄角，蹭着蹭着，就把花角给蹭掉了。

有两头狼，看见没有了武器装备的大个子，就立即决定向它发动进攻。在它们看来，要打败没有了武装的大个子，易如反掌。

进攻和防卫的战斗，就这样开始了。不料，战斗结束得出乎意料的快。麋鹿用它两只硬实的前蹄，几下就击碎了一头狼的脑壳，然后突然转过身，又把另一只妄图进攻的狼踢倒在雪地上。这只狼遭了麋鹿这一铁蹄，落得浑身是伤，好不容易才从敌手身边溜跑。

近来，老公麋鹿和老公鹿已经生出了新的花角。此时，它们还是没有长硬的肉瘤，外面紧紧绷着一层皮，皮上那绵柔的绒毛清晰可见。

从冰洞里探出个脑袋来

在涅瓦河口，芬兰湾的冰面上走来一个渔人。他走过冰洞的时候，看到冰底下探出个脑袋来，油亮亮的，两边各挺着一撮稀稀朗朗的胡髭（zī）。

渔人乍一看，以为是从冰窟窿往上浮起的淹死的人的头。可是，这是活的，这个脑袋正向他转过身来。渔人这才看清楚：原来是一张挺着硬胡髭的野生动物的脸，脸皮紧绷绷的，满脸是闪着微光的短毛。

这个家伙那一双亮晶晶的眼，直愣愣地逼视着渔人，对着他的脸看了一小会儿。随即，哗啦一声响，动物的脑袋就钻到了冰底下，不见了。这时，渔人才恍然清醒过来：意识到自己刚才所见的，是一头海豹。

海豹在冰底下捉鱼。它只把头往外探出一瞬间，喘上口气儿。

冬天，海豹为了呼吸的需要，常常需经冰洞爬到冰面上来，所以渔人们很容易在芬兰湾逮到它们。有时候，甚至还有这样的事：有些海豹追踪捕鱼，一直会追进涅瓦河来。因此，拉多牙湖里就成了海豹频繁出没的水域，在那里也就特别容易逮到它们。

爱洗冷水澡的鸟

我们《森林报》的通讯员，在波罗的（dì）铁路上的噶特庆站附近，在那里一条小河的冰窟旁，看到一只肚腹黑漆漆的小鸟。

那是一个奇寒的早晨，天冷得树木嘎巴嘎巴直响。天上倒是挂着明晃晃的太阳，但是我们的通讯员还是得不住地捧起雪，摩擦自己冻得发白的鼻子。

这样冷得出奇的早晨，竟还会听到黑肚皮小鸟在冰面上歌唱，并且还唱得那么快活，不由得让人感到非常惊讶。

他走到小鸟跟前去，想要细看这小鸟。小鸟往高处蹦了一下，接着，一个猛子扎进了冰窟窿里。

"投河呢！少不得淹死！"通讯员心里想，他三脚两步奔到冰窟窿旁，要去把那只犯了神经病的小鸟给救起来。谁料，小鸟正在水里，伸开自己的翅膀划水呢，就跟游水的人用胳臂划水的样子一样。

小鸟的黑背，在透明的水里像条小银鱼似的忽隐忽现。

小鸟头朝下，一个猛子扎到河底，伸出尖利的爪子抓着沙子，在河底上跑起步来，跑到一个地方，它停了停，用嘴巴把一块小石子翻了过来，从石块下面拖出一只黑壳小甲虫。

过了一分钟，它已经从另一个冰窟窿里钻出，跳到冰面上来了。它抖动身子，若无其事地唱起了欢乐的歌，声音像一串银铃撒在冰面上。

我们的通讯员把手探进冰窟窿里去试试，心想："也许这里是温泉吧，小河里的水是烫的吧？"

但是，他立刻把手从冰窟窿里抽缩回来：水是冰冰冷的，扎得他的手直生疼哩。

他这才明白，他面前的那只小鸟，是一种水雀，学名叫河乌。

这种鸟跟交喙鸟一样，是悖离自然法则的。河乌的羽毛上蒙有一层薄薄的脂肪。这种油膜在它钻进水里时，会产生一层微细的气泡，银光闪闪的，这样，它就好像穿了一件空气做的防护服，所以，它即使在冰水里，寒冷也侵不进它的身体。

在我们省里，河乌是稀客。它们只有在冬天才会来。

在冰盖下

我们来想想隆冬时节，鱼是怎么生活的吧。

整个冬天，鱼都在河底凹坑里躺着睡觉，结实的坚冰屋顶，覆盖在它们头上。在二月里，在隆冬时节，在池塘里和林中沼泽里休眠的它们，会感到空气不够用了。这样的时间长了，它们就会闷死在水底。它们心慌意乱地张开圆嘴，游到冰屋顶下来，用嘴唇捕捉附着在冰上的小气泡。

鱼也有可能全都闷死。所以，天寒地冻的日子里，咱们可别忘了在池塘和湖面上凿开些冰窟窿。还要注意，别叫冰窟窿再冻上，好让鱼能够呼吸到空气。

雪下的生命

在漫长的冬天，当你望着积雪覆盖的大地，你不由自主地会想：在这片干燥而寒冷的林海雪原下面，还会有生命存在？还会有什么东西活着吗？

我们的通讯员在森林里，在林中空地上，在田野里扒开雪，挖了一些大深坑，一直挖到地面。

我们在雪底下看见的东西，多得出乎我们的意料。原来，那里面有许多绿色的小叶簇，还有些从枯草根下钻出来的、尖尖的小嫩芽，有被沉重的积雪压倒在冻土上的各种绿色草茎。它们全是活的。你想想，全是活的啊！

原来，林海雪原并不是个死的世界。在积雪的底部，有草莓，有蒲公英，有荷兰翘摇，有狗牙根，有酸模，还有许多各种各样的植物，全是绿鲜鲜的！在那翠绿的繁缕上甚至还有小小的花蕾。

在我们《森林报》通讯员挖的那些雪坑四壁上，发现了一些圆圆的小洞眼。这是被铁锹切断的小野兽的交通道，那些小野兽会用巧妙而有效的办法给自己找东西吃。老鼠和田鼠在雪底下咬吃植物的根，这些富有营养的根，它们吃得津津有味。食肉动物，鼬鼱、伶鼬和白鼬等等，冬天就靠捕捉这些吃草根过活的鼠类啮齿动物和在积雪下过夜的飞禽为生。

以前，人们以为只有熊才在冬天下小熊。人们说，有福气的小孩"从娘胎里带来了衣裳"。小熊就是这样的幸福的孩子，它生出来的时候非常小，只有老鼠那么点儿大，可是它不仅是从娘胎里带来了衣裳，而且干脆就是穿着衣裳生下地的。

现在，科学家闹清楚了，有些老鼠和田鼠在冬天搬家，就好比是人上别墅里去呼吸呼吸新鲜空气：从它们夏天的地下洞穴搬到地面上来，在雪底下和灌木下部的枝丫上做窝。令人惊叹的是，冬天，它们竟然还生儿育女！小不点点的嫩老鼠，刚生下来时，身上光溜溜的，一根毛也没有，但是窝里很暖和，年轻的鼠妈妈们喂它们奶吃。

春天来临的征兆

虽然天气仍冷得厉害，但是已经不像在隆冬时节那样了。虽然积雪依旧很深，但已经不像从前那样白得生亮了。近来，积雪的颜色变得灰暗了些，不再像以前那样晶晶亮了，开始出现蜂窝般的小洞眼。挂在屋檐下的冰凌却一天天变粗了变大了。从冰柱子上滴下流水来，地上出现了一个个的小水洼。

太阳在天空的时间越来越长，阳光也越来越温，温得让人有舒服的感觉了。天空也不再是像一大块化不开的冰，不再是一片白灰灰的冬季颜色。天空的蔚蓝色一天深似一天。天上的云已不再是灰蒙蒙的冬季云了，它们开始一层一层地加厚，如果你留点儿神，那么你还会发现天上飘过的已经是堆得敦敦实实的积云。

太阳一出来，窗下就传来快乐的山雀的歌声：

"斯肯，舒巴克！斯肯，舒巴克！"

每到这时节，猫就天天晚上在屋顶开音乐会，打架，呜哇呜哇，唬哈唬哈，没完没了。

森林里，说不定什么时候，会忽然传来阵阵啄木鸟咚咚咚的击鼓声。你别以为，它只不过用嘴壳敲敲树干而已，可笃笃笃，笃笃，笃笃笃笃，听起来就是一支不折不扣的歌！

在密林里，枞树和松树下面，不知是谁来这里画了一些神秘莫测的符号，一些谁也猜不透意思的图案。可猎人来一看，这些符号和图案就会让他的心骤然狂跳起来：这些符号和图案是森林里一种有胡子的大公鸡——松鸡留下的痕迹，它那硬挺挺的强有力的翅羽，在坚实的春季冰壳上划拉了几下，就留下了这奇怪的印迹！这么说……这么说，松鸡马上就要开始交尾了，神秘的林间音乐会很快就将拉开帷幕了。

→→✤✤ 城市新闻

街头打架的家伙

城市里，已经能够分明感觉到春天的临近，你看，谁常常在大街上打架了？

麻雀，街头麻雀对行人一点不理会，就彼此胡乱啄颈毛，把羽毛啄得呼啦啦腾飞起来，四散飞舞。

这街头打架的，都是公麻雀，母麻雀从来不参加斗架，可也阻止不了那些爱打架的家伙。

猫天天夜里都在屋顶打架。有时候，公猫捉对儿打斗，打得死去活来，把一只公猫从大楼屋顶掀翻下去。不过，就这样从高楼上摔下来，公猫也不会死的，猫的腿脚利落着呢：它跌下去的时候，正恰四脚同时着地，充其量也就摔瘸了，可是那也就是跛几天，便没事了。

有的修理，有的新建

城里处处可见飞禽们忙碌的身影，有的在修理房子，有的在建造新居。

老乌鸦，老寒鸦，老麻雀，老鸽子，它们都在收拾去年的旧居。那些今年夏天才出世的年轻一代，在忙着给自己营造新窝。一下子，建筑材料的需要量大大增加了。它们所用的建筑材料都是些粗糙的树枝、稻草、马鬃（zōng）、绒毛和羽毛。

鸟食堂

我和我的同学舒拉都很喜欢鸟。

冬天的鸟，譬如山雀啊，啄木鸟啊，都常常因为没处找食而挨饿。我们很可怜它们，决定给它们做个食槽。

韦嘉家附近有很多树。常有鸟落到上头来找食吃。

我们用三合板做了一个浅浅的食槽，每天早晨都往食槽里撒各种谷粒。现在鸟都已经习惯了我们的喂养，不再害怕飞到食槽跟前来。它们都很欢喜来啄食我们给它们撒下的谷粒。

我们建议：大家都来帮助冬天饥饿的鸟。

本报通讯员　瓦西里·格里德涅夫

亚历山大·叶富塞耶夫

市内交通新闻

街道转拐处的一幢（zhuàng）房子上，出现了一个新标示牌：一个圆球，中间有个黑色的三角形，三角形里有一两只白鸽。

这意思很清楚："当心鸽子！"

车开到这街道拐角上转弯时，司机就小心翼翼地绕过一大群鸽子。它们在街道当中，成群成片地行走着，有青灰色的，有白色的，有黑色的，有咖啡色的。许多成人和孩子站在人行道上，把米粒和面包屑撒给它们吃。

"当心鸽子！"

这个让汽车注意鸽子的牌子，醒目地横在莫斯科大街上，大家都觉得很新奇，很好。这块提示牌最初是托尼亚·科尔肯娜提议做的。现在，在别的大城市，凡汽车来往很多的都会，也都树起了这样的提示牌。市民们经常去喂这些鸽子，欣赏这些象征和平的鸟儿。

保护鸟类是人们引以为荣的事情！

飞回故乡

《森林报》编辑部收到许多喜人的消息。从埃及、从地中海沿岸、从伊朗、从印度、从法国、从英国、从德国，都纷纷寄信来了。信中说，我们的候鸟已经动身，开始陆续返回故乡了。

　　这些返乡的鸟，有节奏地、从容不迫地飞着，一寸一寸地占领从冰雪下解放出来的大地和水面。它们得估量好，要恰好在我们这儿冰雪消融的时候，在江河解除封冻的时候，飞回到我们这里。

迷人的小白桦

　　昨晚下了一场暖融融、湿润润的轻雪，把阶前我心爱的一棵光裸的白桦树，连树干到树枝都下成白色的了。快到早晨的时候，天又突然转冷。

　　太阳升起来，在明亮的天空上照耀大地。这时候，我一看我的白桦迷人极了。活脱脱是一棵魔树：它亭亭地站在那里，从树干到每根细枝通身都仿佛涂上了一层白釉。原来是，湿雪在凌晨时分冻成了一层薄冰。我的小白桦从头到脚都亮晶晶地闪着银光。飞来了几只长尾巴山雀。它们蓬松的羽毛看起来很厚，好像一团团小白绒球，尾巴织针似的翘在后头。它们落在小白桦上，不停地在树枝间转悠，它们是在寻找，看有没有什么东西可以拿来当早点。

　　它们的小脚爪在冰层上老打滑，小嘴也啄不透冰壳。白桦树像玻璃一般，发出细碎的清脆的叮当声，听起来冷冷的。

　　山雀抱怨着，但是一点办法也没有，于是叽叽喳喳了一阵以后，就飞走了。

　　太阳越升越高，阳光就渐渐暖和起来了，终于，白桦树上的冰壳被晒化了。从白桦所有的树枝、树干上，都留下一绺绺的冰水，它变得像个冰树喷泉。开始滴水了。水珠闪烁着，在阳光中变幻着彩虹般的颜色，像一条条小银蛇似的顺树枝、树干蜿蜒而下。

这时，山雀又飞回来了。它们落在树枝上，一点也不怕冰水来泡湿自己的小脚爪。它们高兴极了，因为小脚爪不像早上那样打滑了，这棵解了冻的小白桦，请它们吃了一顿可口的免费餐。

本报通讯员　韦里卡

第一声歌唱

天气还冷，但阳光已经有些许煦暖的感觉。就在这一天，城里的花园里传来第一声鸟儿的春歌。

那是苍雀在唱。它的歌喉里没有花腔。

"苍—瑟—维！苍—瑟—维！"

歌声就这么简单，但它唱得这样的欢快，听起来，仿佛是这种金色胸脯的小鸟想用它的歌声对大家说：

"脱掉大衣！脱掉大衣！春天到了！"

➤➤➤ 林野专稿

鼻子被当成了奶头

二月底，从高处刮来的雪堆积在这里，已经很厚了。塞索依·塞索依奇的滑雪板滑行在这厚厚的积雪上。

这是一片长满丛林的沼泽地。塞索依奇带上他心爱的北极犬红霞，跑进了一片丛林。红霞钻进了丛林，就不见了身影。

突然，传来红霞的叫声。从叫声的猛烈和狂暴中，塞索依奇马上听出来：红霞是遇上熊了。

小个子猎人今天正好带着一管性能靠得住的五响来复枪，因此他心里很高兴，赶忙朝狗叫的方向跑过去。

积雪下面有一大堆倒着的枯木。红霞就是对着这堆枯木狂吠。

塞索依奇拣好了个合适的位置，卸下滑雪板，把脚底下的积雪踩结实了，准备猎熊。

过不多时，从雪底下探出个宽额的黑脑袋来，两只眼睛滴溜溜闪着绿光，用猎人的话说，这是熊在向人问候哩。

塞索依奇知道，熊瞅过一眼人以后，就又会缩回洞里去躲起来。它躲一阵，然后就又突然往外蹿。所以，猎人要等它不完全缩回去时就抓紧时间开枪。

但是瞄准的时间不够充裕，瞄得不够准。事后才弄明白，那射出的一颗子弹，只擦破了熊的脸颊。

猛兽跳出来，直扑塞索依奇。幸好，第二枪差不多击中了熊的要害，把那头熊给打倒了。红霞冲过去，咬住了熊的尸体。

熊扑过来那会儿，塞索依奇没顾得上害怕。可危险过后，这个结实的小个子立刻觉得浑身塌软，两眼直冒金星，耳朵里嗡嗡响个不止。

他深深吸了一口冷气，像是要把自己从迷糊的沉重思索中唤醒过来。现在，他才充分意识到，刚才这险境有多么可怕。

任何人，甚至最勇敢的人，面对面撞上这么个大块头野兽，等惊险过后都会这样感觉后怕的。

万万想不到，红霞从熊的尸体旁蹦开，汪汪吠叫，又向那堆枯木扑去，只是，这回是从另一个方向往那里扑。

塞索依奇一看，不由得愣了——从那里又探出了第二个熊脑袋。

小个子猎人立马镇定下来。迅速瞄准。不过这回心神不那么慌乱了。

只一枪，他就把那畜生给撂倒在了枯木旁。

万万想不到的是，几乎就在同一瞬间，从第一只熊跳出来的那个黑洞里，伸出第三个宽额脑袋；随后，又伸出来第四个！

塞索依奇慌了神，他真吓坏了。看来，似乎这片丛林的熊全聚集在这堆枯木下面了，这会儿相继冲出来，向他进攻。

他顾不得瞄准，就连放了两枪，接着就把空枪扔在了雪地里。虽说是心慌，他还是看清楚了，第一枪打出后，那个棕色的脑袋就不见了，第二枪也没打空，只是打中的是自己的红霞——当他击发第二枪的时候，红霞恰恰跑过去，结果误中了弹，倒在雪地上。

这时候，塞索依奇不由自主地迈动了发软的双腿，走了三四步，绊倒在被他打死的第一只熊尸体上，摔在那里，失去了知觉。

他这样俯躺着，也不知躺了多久。总之，他惊醒时，有什么东西在钳他的鼻子，钳得很疼。他抬起手想捂住自己的鼻子，然而他的手碰到一个活的东西，热乎乎的，毛茸茸的。他睁开眼，只见一对绿眼正直勾勾地瞅着他。

塞索依奇失声大叫起来，使劲儿一挣扎，才把鼻子从那野兽的嘴里挣脱出来。他打着趔趄，跳起身，撒腿就跑，但才迈了几步，又立刻陷在了深雪里，雪厚得齐了他的腰。

他回到家里，这才回过神来，才明白过来：刚才咬他鼻子的是小熊崽。

他好一阵子没平静下来。但终于想明白了，刚才发生的是怎么回事。

原来起先那两枪，打死的是一头母熊。接着从枯木堆另一头跳出来的是一只三岁大的熊，是母熊的长子。

这种年轻的熊大都是熊小伙子。夏天，它帮助熊妈妈照料兄弟，冬天就睡在它们近旁的熊洞里。

在那一大堆叫风刮倒的枯木下面，隐有两个熊洞：一个洞里躺着熊仔，而另外一个窝里躺的是母熊和它两个一岁大的、还在吃奶的小熊。

惊慌失措的猎人把熊仔当大熊了。

跟着熊仔从枯树堆里钻出来的是两个一岁的熊娃娃。它们还小呢。只不过跟十二岁的小孩一样重，但它们的额头已经长得很宽，难怪猎人在惊慌中错把它们的头也当作大熊的头了。

在猎人迷盹在床上的时候，这个熊家庭唯一保留下命来的熊娃娃，来到了熊妈妈身边。它把头向母熊的怀里探取，想吃奶，却碰到了塞索依奇呼着热气的鼻子，把塞索依奇不太大的鼻子当成妈妈的奶头，就衔进嘴里，使劲吮吸起来。

塞索依奇把红霞就地埋葬在那片丛林里，把那只熊娃娃逮住，带回了家。

那只熊娃娃是个很能给人带来开心的小家伙，挺可爱的，而猎人失去了红霞后也正感到寂寞冷清，正需要小熊来添些乐趣。

后来，熊娃娃十分亲热地依恋这个小个子猎人。

聪明的野鸭子这样对付狐狸

秋天。狡猾的狐狸想：

"野鸭子们准备回南方去了。我转到河边去转悠转悠，难说在那里会碰上好运气，弄块鸭肉吃吃。"

狐狸偷偷摸摸地从矮树林里走出来。果然不出它所料，河边聚了一群野鸭，有一只离矮树林还很近，它正把头和脚都缩在翅膀底下，一个劲儿打瞌睡呢。

狐狸上去，一下咬住了它的喉咙！

鸭子使劲儿一挣。挣脱了。狐狸只咬得了它的一撮羽毛。

"哟！"狐狸寻思，"怎么让你挣脱了……"

狐狸懊恼地傻站了一会儿，就沮丧地走开了。

只剩下了鸭子还站在那里，它的脖颈给扭了，羽毛也挣断了几根。

鸭子躲进了芦苇丛里——这里离河岸要远些。

狐狸一无所获，怏怏地走了。

冬天。狐狸想：

"现在河里结上了冰。鸭子如今是我的囊中之物了，在冰上，一片空阔，它躲不到哪里去的，只要找到它，就准定能逮住它。"

这么寻思着，狐狸来到了河边，果然如它所料，鸭子连膜的脚掌在河边雪地上清楚地留下了一长串脚印。鸭子在不远处的一片丛林里蹲着，浑身的羽毛都蓬着。

鸭子蹲着的那片地儿从地底汩汩冒出温泉来，所以那里的水不结冰，还腾腾冒着蒸汽，鸭子蹲在那里取暖呢。

狐狸向鸭子扑过去，而鸭子一下钻进了温水里，从冰下逃得远远的了。

"啊你！"狐狸想，"在冰下，你迟早得冻死。"

狐狸什么也没捞着。

春天，狡猾的狐狸琢磨：

"现在河里的冰该化了，我去捡冻僵在冰雪里的鸭子吃。"

然而狐狸走近河边一看，野鸭子还在树下游水哩，河对过那边也有一眼温泉。

这样，鸭子就凭温泉活了过来。

"啊你！……"狐狸想，"你逃不脱的，我这就跳进水里，从水底下过去逮你……"

"你这一手没用的，你逮不住我的！"鸭子呷呷地大声说。

啪啦一声，它从水面飞起来，远远飞走了。

被狐狸拽掉的羽毛，鸭子经过一个冬天的疗养，又齐刷刷地长出来了。

小青蛙

积雪让暖洋洋的太阳当头一照，就开始融化了。再过两天，至多也就再过三五天吧，春天就要来了。中午的太阳似乎有点灼热感了，在我们装了轮子的小屋周围的整片雪地上，蒙上了一层什么灰黑色的东西。我们猜想，这准是哪个地方有人在烧煤。我用手掌在这肮脏的雪地上一按，突然，原来灰黑色的雪地上现出了斑斑驳驳的白点：这哪里是什么煤屑哟，分明是小不点的甲虫，我一按就飞开去了。

艳阳照耀下的午间一两个钟头里，雪里各种各样的小蜘蛛、小跳蚤都复活了，就连细小的蚊虫也在飞来飞去了。这融化的雪水渗进积雪深处，偶尔也会把在雪底下冬眠的通身还是玫瑰色的小青蛙给唤醒。瞧，就有这么一只小青蛙从积雪底下爬出来，愚蠢地想，真正的春天来到大地上了，可以出去旅行了。谁都知道，蛙儿能到哪儿去旅行呢，不就是小溪那儿吗？不就是沼泽那儿吗？

巧的是，这一夜下雪了，所以小旅行家的脚印很容易看出来。起先，它的脚印是成一条直线的，一脚接一脚地向附近的沼泽走去……忽然，不知为什么，脚印乱了，再往前，就乱得更厉害了。后来，小青蛙就忽左忽右、忽前忽后地乱窜一气了，脚印也就零乱得不可辨认了。

出了什么事了？为什么小青蛙放弃了一条直线走到沼泽的打算，而忽然想回头了呢？

为了把这乱麻似的疑团探究个明白，我们往前走去，这不，我们看到那玫瑰色的嫩蛙儿伸开冻僵了的脚爪，一动不动地躺在那儿了。

我们一下全明白了。晚上，寒气突然加重，越来越重，嫩蛙儿只得停下来，前后左右地乱窜乱蹦，回过身来想要回到那曾感到过春天气息的温暖小洞里去。

天气尽管冷得厉害，可我们人的体内是暖和的，那么就让我们给小蛙儿带个春天来吧。

我们用自己呵出来的热气把小蛙儿温暖了好一阵，可它还是没有活过来。不过，我们想出办法来了：我们把温热的水倒在一个小锅里，然后慢慢流淌到那四脚趴着的玫瑰色的小蛙儿那儿去。

　　就算是寒气再厉害吧，可再厉害的寒气也敌不过我们的春天了！不到一个钟头，我们的小青蛙又重新感到了春意，四脚微微动了，它很快就完全复苏了。

　　春雷响了。当野外所有的青蛙都蠕动起来，我们就把这位旅行家放进它早已向往的那个沼泽，大家为它送行时，说：

　　"去吧，小蛙儿，只是你记住：浅滩怎么样你都还不知情，那你就莫冒冒失失往水里钻啊。"

米·普里什文

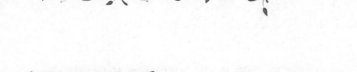

翻开太阳的诗篇　找寻心中的森林

知名儿童阅读推广人　崔秀俊

　　灰色的天空、满眼的雾霾、紧张的节奏、匆忙的脚步……生活在钢筋水泥建成的城市森林中的我们，有多久没有走进大自然，呼吸新鲜的空气，聆听花开的声音了？大自然的奇妙与欢乐，似乎离我们越来越遥远，但也让我们越来越想念。

　　叶生叶落，四季流转。神秘而安静的森林啊，你还好吗？候鸟是否还在浴着温暖的阳光归返故乡，鸟兽是否在还在万紫千红中舞蹈歌唱？美丽的铃兰花是否已经开放，谁又能读懂天鹅的忧伤？冰雪下的生物啊，你们是否还在顽强地孕育生命，在森林里——这永远的故乡？

　　原来，童年记忆中的美好时光，我们都不曾淡忘。来吧，让我们一起翻开太阳的诗篇，找寻心中的森林。

一幅生机勃勃的画卷

　　有人说，《森林报》是一部大自然百科全书，一部比故事书更有趣的科普读物。我要说，翻开《森林报》，一幅新奇瑰丽的自然画卷就在我们的眼前徐徐展开了。

你看，"三月暖洋洋，檐水连日淌"。"太阳展开一双双温暖的翅膀，把和煦的春天送到人间。"你是否看到，盎然的春光里，苏醒的万物在阳光下快乐地舞蹈。

夏天到来的时候，"玫瑰花开放了。候鸟都已经回到自己的故乡。""夏天来到大地上。""在湿润的草地上，太阳的色彩现在是最富丽的时候——金凤花开了，泽地金花开了，毛茛花开了，开得草地满眼金黄。"看到这样的画面，你有没有要躺在草地上打个滚儿的冲动呢？

再抬头望望天上吧！"天上飘来一大团乌云，黑压压的，像一头大象。它时不时地从天上往地面拖下它的长鼻来。这时，从地上扬起一柱尘土，这柱状的尘土旋转着，旋转着，越来越大，越来越高，结果和大象的鼻子连到了一起，成了一根上接天下接地的大柱子，并且照样一个劲儿旋转着。大象把大柱子抱住，不停地在天上向前走……"这是初夏时节，大森林上空的景象。作者运用比喻的修辞手法，把龙卷风比作天上的大象鼻子，生动、形象。

落叶飘零，转眼秋天到。作者和往常一样到花园散步。来，我们随他看一看，"一颗小露珠在小草的梢头上抖动着，好像长长的睫毛上的一颗颗泪珠。露珠里闪着一粒小星火，透映出喜悦的光彩。"这里，作者运用比喻的修辞手法，将在小草的梢头上抖动的小露珠比喻为长长的睫毛上的一颗颗眼泪，形象生动地展现了小露珠的样子，有没有让你印象深刻？

当难熬的冬天来临，动植物开始越冬。在这幅宏大的自然画卷上，我们还能发现些什么呢？

"在漫长的冬天，当你望着积雪覆盖的大地，你不由自主地会想：在这片干燥而寒冷的林海雪原下面，还会有生命的东西存在？还会有什么东西活着吗？

我们的通讯员在森林里，在林中空地上，在田野里扒开雪，挖了一些大深坑，一直挖到地面。

我们在雪底下看见的东西，多得出乎我们的意料。原来，那里面有许多绿色的小叶簇，还有些从枯草根下钻出来的、尖尖的小嫩芽，有被沉重的积雪压倒在冻土上的各种绿色草茎。它们全是活的。你想想，全是活的啊！

原来，林海雪原并不是个死的世界。在积雪的底部，有草莓，有蒲公英，有荷兰翘摇，有狗牙根，有酸模，还有许多各种各类的植物，全是绿鲜鲜的！在那翠绿的繁缕上甚至还有小小的花蕾。"

你瞧，作者通过对寒冷严酷的"林海雪原"和下面娇嫩、鲜活的绿色植物一大一小、一强一弱的对比，让我们对这些植物执著的生命力顿生敬畏之心，也自然而然地向读者传递了一种观念，那就是：自然界一切生物的存在都是值得尊重和赞美的。

《森林报》里出现的生物有 500 多种，人只是其中的一分子，而且是作为旁观者的身份出现的。在作者的笔下，无论是天上飞的、水里游的，还是地上爬的，都是大自然界的成员，都平等地存在于大自然中，成为这生机勃勃的画卷上不可或缺的一部分。

一场诗意回归的旅行

阅读《森林报》，你绝对不会像读其他科普类作品那样感到枯燥无味，因为翻开这本书，你已经不由自主地开始了一场旅行。而你的导游，就是作者维塔利·比安基。你的旅伴，则是大自然中的精灵们——花草树木、飞鸟虫鱼。

来吧，跟着这位独具慧眼、有着丰富阅历的"导游"，走进奇幻多姿的大森林，开始一场诗意回归的旅行吧。

我们的旅行将穿越时空，在路上，你可能会遇到博爱的兔子、暴躁的母熊、狡猾的狐狸、温柔的鹊鸽、凶残的猞猁……

在路上，你可能会遇到很多鸟类大迁飞。不要小瞧这些羽翼旅行家们，"重重艰难险阻挡不住羽翼旅行家们那挤挤挨挨的飞行队伍。它们穿过浓雾，冲破一切障碍，向着自己的出生地飞来。"我知道，你已经感到吃惊了。有一种水鹬越冬的地方更远，需得差不多飞行 15000 公里，路上需耗时两个月光景哪。怎么样？是不是更感觉不可思议啊？

在路上，你可能会遇见一场森林音乐会，"整个森林里的鸟儿都在歌唱奏乐，能唱什么就唱什么，能玩什么就玩什么，反正是各唱各的，各奏各的。"这时候，相信你也会情不自禁地唱起歌来！

在路上，你可能会看到各种各样的动物的住宅，从通讯员发来的报道中，你会知道谁的住宅最好，谁的住宅最小，谁的住宅最有艺术……是不是恨不得也变身成小动物，建造一间属于自己的住宅？

在路上，你会看到冬天里一片白雪皑皑的风光，可以堆雪人、打雪仗。"导游"告诉你，这是《冬天的书》：下一场雪，就翻开书本新的一页，各种动物在洁白的书页上写下各种各样神秘的符号，每一个林中居民都签上了自己的名字，各有各的笔迹，各有各的字符……"灰鼠的字迹很好辨认"，"野鼠的字迹小是小，可非常简明，很容易辨认"，狼的足迹，需要用特别的智慧去观察，面对狡猾的狐狸，更需要有一双火眼金睛哟！

在路上，你会看到有趣的故事：刺猬迎战毒蛇，狐狸用诡计赶走老獾；你还会遇到打猎的场面，你会发现，猎人们也不是随时随地都可以捕杀动物的，他们有固定的时间和地域，如果违反就要接受严惩，只有这样，才不会破坏大自然的生态平衡，才会使人与自然和谐相处。

结束这场长达 12 个月的森林之旅，合上《森林报》这本书，你就明白维塔利·比安基的书为什么如此受人喜爱了。原来，作者一直在用他的眼睛，为我们打开一个充满生命乐趣的森林世界，替我们去观察万物生灵的喜怒哀乐。他也透过文字，教我们睁开眼睛，学会观察周围的大自然。于是，我们会知道：所有的动植物都是有感情的，森林里不仅有拼搏厮杀，还有生老病死，还有更多的温暖与感动……我们会明白：那个一度陌生的森林世界，其实并未远离……

→→→·❀ *阅读话题*

1. 读完这本妙趣横生的自然之书，你了解了哪些丰富的自然知识？和你的小伙伴分享一下吧！

2. 你觉得《森林报》中描绘的四季与你看到的四季有什么不同？选一个季节说一说。

3.《森林报》中有几封来自森林的电报，你觉得这些电报在书中起什么作用？

4.《森林报》中，有不少妙趣横生的小故事，令你印象最深的是哪一个？

5. 你对森林中动物间的"战争"怎么看？对人类捕猎动物你又有什么看法？

6. 读完《森林报》后，你认为我们人类应该以怎样的方式与大自然相处？

—⟫⟫⟫❦　*阅读学习单*

【我是小小书评家】

对《森林报》的总体印象：＿＿＿＿＿＿＿＿＿＿＿＿＿＿＿＿

最喜欢的栏目：＿＿＿＿＿＿＿＿＿＿＿＿＿＿＿＿＿＿＿＿＿

最离奇的新闻：＿＿＿＿＿＿＿＿＿＿＿＿＿＿＿＿＿＿＿＿＿

最奇特的住宅：＿＿＿＿＿＿＿＿＿＿＿＿＿＿＿＿＿＿＿＿＿

最令人费解的事情：＿＿＿＿＿＿＿＿＿＿＿＿＿＿＿＿＿＿＿

【猜猜它是谁】

书中出现了许多动物，你能根据下面的描述，猜出它们是谁吗？

1. 它的颜色是褐里带黄的，尾很大，样子与其说它像青蛙，不如说它像蜥蜴。（　　　　）

2. 它的个儿有出生不久的野猪大，通身披着毛，肚皮黑漆漆的，灰白的脑袋上，有两道黑色竖纹。（　　　　）

3. 它很会做窝，它做的窝住起来非常舒适，它的窝是用干枯的苔藓编成，像一只连指手套。（　　　　）

4. 都说它的眼睛在白天看出去是两眼一抹黑，什么也看不见，所以它白天将自己的身影隐藏起来，一到晚上，就出来四处掠夺。（　　　　）

【当回代言人】

还记得书中让人触目惊心的"天鹅之死"那一幕吗？优美可人的天鹅准备飞落到湖面上歇脚时，一声轰隆的枪声响过，一只天鹅跌落在冰窟窿里。那凄厉的叫声，相信一定也刺痛了许多小读者的心。如果你是这只天鹅，你想对人类说些什么？请你写一份"天鹅代言书"。

【编写手抄报】

选取《森林报》中自己最感兴趣的内容，编写一份手抄报。要求：图文并茂，内容生动有趣。

【做一份"自然笔记"】

和小伙伴一起走进大自然，坚持一段时间，观察动物、植物、天气等大自然的变化，将观察过程完整地记录下来，做一份"自然笔记"，并和小伙伴分享你的观察收获和体会。

·一━➤➤➤❤· 阅读推荐

1.《少年哥伦布》(苏)维·比安基/著 志晶/译
天津人民出版社

　　本书是科普名作《森林报》的续篇，书中描写
了一群爱好自然的少年，立志要像哥伦布那样去发
现自然界的"新大陆"。全书语言轻松活泼，描写
生动细腻，是一本让孩子回归自然、走进自然、培
养科学兴趣，增强自然及生态意识的经典之作。曾
入选"20世纪影响青少年的100本书"，入选欧洲
人文和自然科学院院士推荐"青少年必读书目"，
是写给青少年的科学冒险书，让青少年在科学探险
中探索未知领域，亲近自然万物！

2.《白桦林动物故事系列（全6册）》(苏)马·兹韦
列夫 等/著，王汶/译 二十一世纪出版社

　　这是一套经典的苏联科普文学名著，作者们从
青年时代起就生活在原始森林里进行科学考察和研
究，作品的科学性和文学性得到了时代和读者的
检验。作者们以自己对生命和自然的深刻感悟和体
验，构筑着人类的"绿色思想文库"。

关于亲子共读的十条建议

　　每一位父母都希望自己的孩子优秀，希望他热爱阅读，热爱学习。为了这个变得优秀的愿望，父母们会给孩子买很多优秀的书籍，比如你现在看到的这一套经典的童书，就摆在了很多孩子的书架上。有书的童年总是令人羡慕的，但是这里面有一个问题，就是这些书虽然在这个家里，在孩子的书架上，但是它真的成了孩子的书，成了这个家里的书了吗？

　　这个问题也是令很多家长头疼的问题。其实，对于一个家庭来说，让孩子爱上阅读的最好办法，就是亲子共读。下面提供的关于亲子共读的十条建议，也许可以给您一些帮助。

建议一：让这件重要的事情首先变得美妙

　　亲子共读当然很重要，但它首先应该是一件美妙的事情。因为共读的过程对于孩子而言，首先是与家长共同游戏、享受亲情的过程，是得到爱与快乐的途径，其次才是汲取知识的手段。当孩子坐在父母的膝上，或是依偎于父母身旁听故事，他首先享受到的就是父母的爱，父母的声音让他感受到了愉悦，感受到了一个个故事的趣味。这样的亲情氛围，不仅有助于缩短亲子之间的距离，融洽亲子关系，而且会使孩子感受到阅读的快乐，孩子与书之间的关系也随之变得亲密温馨。

建议二：相对固定时间，以便习惯的养成

亲子共读的时间可以相对固定，比如晨起、餐后、睡前等，每个家庭可以根据自己的家庭情况确定一个时段。每天和孩子共读的时间大约十五分钟，其目的是为了让孩子养成良好的阅读习惯。但这并不是说这个时段一成不变，有时候我们可以适当进行调整，比如这一天全家有郊游的计划，不妨将共读的地点移在郊外，一片草地、一张石椅都可以成为亲子共读的最佳场所，在大自然的怀抱中，亲子共读将变得更有诗意。

建议三：亲子共读的形式以大声读和默读为主

大声读就是出声地朗读。对于所有的儿童（尤其是幼儿和中低年级的孩子），父母大声读给孩子听都是最佳的亲子共读方法。

阅读从倾听开始，孩子最初的阅读兴趣和良好的阅读习惯来源于倾听。一个从小倾听着父母阅读的孩子，走进学校、走进课堂也会很专注，同时因为善于倾听，他的信息储量、语言积累、思维品质都会大大超过那些不愿或者根本不能倾听的孩子（有些孩子因为没有倾听的习惯，往往丧失了静心倾听的能力），更重要的是这个孩子会因为童年的倾听而爱上阅读、爱上书籍。因为用耳朵倾听美妙的故事，给予孩子的是最畅快的阅读享受，既没有生字的羁绊，也没有被勒令阅读的痛苦，是加深孩子对语言的记忆、积累书面语言的一条捷径。

对于中高年级的孩子，亲子共读的方式除大声读以外，还可以加上家庭成员的共同默读。默读过程中不提问，也不要监督孩子，更不需要逼着孩子写读书笔记。默读的时间可视孩子的阅读状况而定，可以持续 20~30 分钟。

建议四：不要将亲子共读的过程变成认字的过程

很多家长在亲子共读时喜欢将书籍变成教材，不断教孩子认字，以为孩子认字多了，就能早早地开始独立阅读。其实，这是走进了一个误区：强迫孩子识字，很可能会让孩子感觉到书本的陌生和可怕，很多孩子就是在家长的这种强迫下，与书"奋斗"了多少年，却仍然没有真正爱上书籍。

因此，各位爸爸妈妈们，请不要急于让孩子认字，不要急于教给孩子阅读的方法。我们见了太多认识很多字的大人和孩子，根本不去阅读，但是我们什么时候见过一个酷爱阅读的人不认字呢？最重要的还是阅读的兴趣，让孩子爱上阅读才是我们要做的。

建议五：不要过早责令孩子独立阅读

一些家长担心孩子在阅读上养成依赖父母的心理，所以孩子一学会拼音和少许的汉字，爸爸妈妈们马上就中断了给孩子的朗读，而要孩子独立阅读，希望借此培养孩子的独立阅读能力。其实即使孩子学会了很多汉字，也不宜让他早早独立阅读。因为孩子还没有建立一个较完备的语言体系，那些汉字在他眼里是相互独立的，孩子没有足够的语言感觉和语言能力将它们连接成美妙的故事。一本陌生的书里那些陌生的词汇非常容易吓倒孩子。即使没有生字的一句话，他读起来也可能是结结巴巴的，哪里还能享受什么阅读的乐趣？而在美妙的倾听中，他不仅获得了更多的语汇，也逐步培养了语感，一旦语言的感觉成熟，他自然会拿起书自己阅读。所以，亲子共读的过程就是在为孩子的独立阅读储蓄能量，它不但不会让孩子养成依赖心理，还是培养孩子独立阅读能力的有效方法。

亲子共读不只适用于幼儿，还适合所有的孩子，因为其本质是亲子共同分享阅读的快乐。

建议六：不要在孩子看电视的时候命令他去阅读

当孩子在津津有味地看电视节目时，如果家长说"我们一起来阅读"，这是很不明智的做法。这就等于将电视和书籍对立起来，这样的结果是我们不想看到的。对于沉迷电视的孩子，家长首先应该限定他每天看电视的时间，等到孩子到时间关闭了电视机时，他就无事可做，而且很少有孩子愿意早早睡觉，这时候，你再说："孩子，让我给你读一段好玩的故事吧！"他一定很乐意。

建议七：不要以为亲子共读是妈妈的事情

目前大多数的家庭都是由妈妈和孩子进行亲子阅读。其实，阅读不仅是妈妈的事情，爸爸也应该参与进来。在亲子共读活动中，孩子也需要爸爸的引领，需要进入女性视野之外的更广阔的阅读世界。而且，爸爸也应该给孩子做出读书的表率。

建议八：亲子共读贵在坚持

如果我们将亲子共读看成一件很重要的事情，我们就会有理由坚持下来。哪怕每天只有十分钟左右，只要我们做到了，就是一件非常有意义的事情。事实上，只要我们坚持一段时间，一旦激起了孩子的阅读兴趣，小家伙就不会允许家长懈怠下来，因为他每天都在等着下面的故事呢！

建议九：与孩子平等地聊书

亲子共读后，大人可以找一些孩子感兴趣的话题，和孩子平等地聊书，从而引发孩子对阅读的思考。但是不要将这个过程变成一次次测试，那样会让孩子感觉在接受考问。聊书的过程中，要鼓励孩子大胆质疑，不要拘泥于什么标准答案，应以开放性的观点引导孩子进行更深入的思考和更广泛的阅读。

建议十：适当拓展阅读时空

把握机会拓展阅读时空，有助于培养孩子良好的阅读习惯和思维品质。亲子共读不是读完一本书就完成的事情，可以将阅读活动拓宽到画画、手工、观察、讨论等更广泛的领域，读完一本书后，还可以引导孩子阅读相关系列的书籍，将几本书中的人物事件进行对比等。这些延伸拓展，都有助于形成良好的家庭阅读氛围。

亲子共读是让孩子爱上读书的最有效的办法。年轻的爸爸妈妈们，如果你还没有和孩子共读的经历，那就请从这里开始，从这一套经典童书开始，携着孩子的手，开始愉快而温暖的亲子阅读之旅！

图书在版编目(CIP)数据

太阳的诗篇:《森林报》故事精选／(苏)维·比安基著;韦苇译.—桂林:广西师范大学出版社,2017.6(2023.3重印)

(经典童书 权威译本)

ISBN 978-7-5495-9607-2

Ⅰ.①太… Ⅱ.①维… ②韦… Ⅲ.①森林-儿童读物 Ⅳ.①S7-49

中国版本图书馆 CIP 数据核字(2017)第091903号

太阳的诗篇
TAIYANG DE SHIPIAN

出 品 人:刘广汉
责任编辑:卢 义
装帧设计:王鸣豪
封面插图:孙红珍

广西师范大学出版社出版发行

(广西桂林市五里店路9号 　　邮政编码:541004)
(网址:http://www.bbtpress.com)

出版人:黄轩庄

全国新华书店经销

销售热线:021-65200318　021-31260822-898

山东临沂新华印刷物流集团有限责任公司印刷

(临沂高新技术产业开发区新华路1号　邮政编码:276017)

开本:890 mm×1 240 mm　　1/32

印张:10.375　　　　　字数:199千字

2017年6月第1版　　2023年3月第7次印刷

定价:38.00元

如发现印装质量问题,影响阅读,请与出版社发行部门联系调换。